JN124585

マルチフィジックス有限要素解析シリーズ5

ビギナーのための 超電導

理論・実験・解析の超入門

著者：寺尾 悠

近代科学社 Digital

刊行にあたって

　私共は 2001 年の創業以来 20 年間，我が国の科学技術と教育の発展に役立つ多重物理連成解析の普及および推進に努めてまいりました。

　このたび，次の節目である創業 25 周年に向けた活動といたしまして，新たに「マルチフィジックス有限要素解析シリーズ」を立ち上げました。私共と志を同じくする教育機関や企業でご活躍の諸先生方にご協力をお願いし，最先端の科学技術や教育に関するトピックをできるだけ分かりやすく解説していただくとともに，多様な分野においてマルチフィジックス解析ソフトウェア COMSOL Multiphysics がどのように利用されているかをご紹介いただくことにいたしました。

　本シリーズが読者諸氏の抱える諸課題を解決するきっかけやヒントを見出す一助となりますことを，心から願っております。

計測エンジニアリングシステム株式会社

代表取締役

岡田　求

推薦のことば

　電気抵抗がゼロである超電導体は魅力的な材料であり，それを利用した応用機器・システムとして，MRI や加速器等は実利用され，超電導リニアは営業線の建設が行われている。今後は高温超電導体の実用的応用が進むことが期待されている。一方で，超電導の応用に興味を持った学生や技術者が勉強を始めようとしても，超電導の基礎，特に電磁現象の基礎に加えて，超電導応用基礎としての超電導材料特性の測定や数値解析について，初学者向けに書かれた本はこれまでほとんどなかった。本書はそれらを平易に解説した書籍であり，超電導を学ぼうとする初学者，超電導の応用分野で研究を始めた学生や技術者にとって，最適な参考書の 1 つになるであろう。

　また，超電導体中の電磁現象を対象とする研究において，最近は数値解析技術の利用が広がっている。これは，超電導体のような非線形性の強い電磁特性をモデル化して，数値解析できるソフトウェアツールを容易に利用できるようになったことが大きい。高温超電導モデリング・ワークグループ HTS MODELLING WORKGROUP (https://htsmodelling.com) という Web サイトも英語ではあるが開設されていて，解析のためのモデルファイルや解析事例が公開され，2 年おきにこのテーマでの国際ワークショップも開催されている。この Web サイトで紹介されているモデルファイルを実行する数値解析ソフトウェアとして最も使われているのが COMSOL Multiphysics であり，これが超電導体の解析，特に超電導体の電磁現象の解析やマルチフィジックスの解析のための最も標準的なソフトウェアになっている。

　超電導応用のための研究や技術開発に携わる人にとって，マルチフィジックスを含めて，超電導体の数値解析技術を身に付けていれば強力な武器になる。そのための第一歩として，COMSOL Multiphysics を使った超電導電磁現象解析の基礎を学ぶために，本書をぜひ活用いただきたい。

東京大学 大学院新領域創成科学研究科 教授

大崎 博之

はじめに

　本書は端的に言えば，初学者の方々が最終的に超電導分野の数々の文献を読んで手を動かせるようになるための**「踏み台」**です。すなわち卒論や修論で**研究室配属になった卒論生や大学院生，仕事先で幸運にも（？）超電導関連の部署に初めて配属された「ビギナー」**の皆様に，手っ取り早く超電導の概要を知ってもらい，さらに実験や解析を行う際に何を行い，得られたデータのどこに着目すればよいのかを知ってもらう，「入門書」という位置付けです。例えば米国ではある分野を学ぶために，入門，標準，応用の3つのレベルの専門書を薦めると聞いたことがありますが，本書はこの最初の入門レベルを目指しました。

　超電導の専門書は既に世に何冊も出ており，いずれも内容が非常に充実しているのですが，いざビギナーが読もうとすると少しハードルが高く，

・ 超電導とは結局どのようなもので，何が重要なのか
・ 勉強した知識で解析を行うために結局どうすればよいのか（入力条件，入力数値，etc. …）
・ 超電導状態を記述する方程式はなぜそのような形になり，どのような計算を行うのか
・ 実験や解析結果に対してどのような軸でグラフを書き，グラフ中のどこに注目するのか

という部分で躓く学生さんが多いと感じます。

　著者自身が卒論生だった 2007 年当時もそうでしたが，卒業研究で初めての研究室配属になった学生，大学院で新たな研究室に移った大学院生，新たな部署に配属になった社員の皆さんは新生活が始まるということで，「気合い」は相当に（？）入っていると思います。しかし，いざ超電導の本を読み始めた時に，様々な数式がどのようにして導かれるのか，そもそも電磁気学は習ったものの**マクスウェル方程式をどの様に変形して超電導の問題に適用させていくのか，すなわち「問題解決の道具」として使う場合**には，最初は手が動かない場合が多いと思います。著者も一応は電気電子工学科の出身ですので，マクスウェル方程式は当然知っていましたが，

当時卒論生や院生として研究を行う際にどの様に変形して解析に適用するのかという点はかなり苦労した記憶があり，実は今もよく悩みます。

　この最初の段階でうまく超電導の世界に入っていけるかどうかで，ビギナー達のモチベーションや，その後の研究室の成果にもつながってきます。よってビギナーが「何を読み」，「どのようにこの分野を学ぶ」かは，著者をはじめとした教員側にとってもかなり重要な問題であると言えます。もちろん，各研究室内には歴代の先輩達が残していった論文や引継ぎのマニュアルは数多く残されているのでしょうし，指導教員の先生方や先輩達にあれこれ教えてもらう中で身に付けていくという，いわゆる「一子相伝」のような方式で研究ノウハウが受け継がれていくパターンがほとんどなのでしょう。ただし，**先生や先輩方へ相談したくても，いつも時間があるわけではないですし，時にはピリピリと近づきがたいオーラ（？）を発している時もあるでしょう。**さらに「自分で考えなさい」と突き放されて右往左往することもあると思います。

　上記のような状況を鑑み，一般的な「読み物」と「専門書」との間を取り持つ「踏み台の本」が必要であると考え，執筆したのが本書です。とにかく**最低限の知識を身に着けて手を動かせるようになってもらう**ため，超電導業界の皆様の批判を覚悟で**厳密な議論や項目，考察を可能な限り排して**執筆を行うことにしました（本書を読まれた超電導界隈の先生方，学会や委員会でお会いした時には，どうか怒らないで下さい（笑））。その分，マクスウェル方程式がなぜ必要で，どのように変形して使用するのかという理由や計算過程に関してはしっかりと丁寧に書いたつもりですし，図なども工夫しました。

　はじめに**第1章**にて，**超電導概論**ということで，現象の発見から材料，応用まで一通り**「ざっくり」**と超電導全体を俯瞰しました。超電導の発見に当たり，その時代背景をはじめとしてロンドン方程式や磁束の量子化に関する方程式に関して，計算過程を可能な限り省略せずに書いたほか，最後の方には現在使用されている超電導材料や応用例をいくつか紹介しました。

　第2章では実際に超電導の実験とはどのようなものかを知ってもらうため，**「超電導線材の I-V 特性の測定」**及び**「バルク超電導体を用いた**

着磁」という 2 つの実験を行い，得られた実験結果のグラフのどの様なポイントに着目すればよいかを，実際の測定データを用いて解説します。実験装置の写真や，実験を行う上で注意すべきポイントなどを図や写真を用いて可能な限り目で見てイメージしてもらえるように工夫しました。

　第 3 章では，超電導体の解析で用いられる「臨界状態モデル」について解説し，ビーンモデルの考え方や，n 値モデルに関しての解説を行った後に，超電導体の着磁過程を例にとって実際の計算例を示しました。著者は学生時代，このビーンモデルの計算にかなり苦戦したので，図や計算過程は気を遣って丁寧に記述したつもりです。是非，紙と鉛筆を持って，自分自身の手で数式をフォローしながら読み進めて下さい。

　第 4 章では，汎用有限要素法解析ソフトである COMSOL® の解説と使い方を学んでいただくための簡単な入門解析を行ってもらえるようにしました。永久磁石が空間に配置されている時の周囲の磁束密度分布と磁力線を描くための解析を通して，まずは COMSOL の操作手順を学んでもらえればと思います。

　第 5 章では，磁気ベクトルポテンシャル法（A-ϕ 法）を用いて第 2 章で行ったバルク超電導体の着磁実験の結果と COMSOL による解析結果との比較を行います。つまり，測定された磁束密度分布を作り出すために，バルク超電導体の中でどのような値の電流が流れているのかを推測するための解析です。A-ϕ 法を導くために，はじめにマクスウェル方程式からスタートして A-ϕ 法の方程式を導き，なぜこのような方法が使われるのかの過程をしっかりと記述しました。そして COMSOL による二次元軸対称解析を行うことで，実験結果と解析結果をどのように比較し考察を行っていくのかを学んでもらえればと思います。

　最後の仕上げとして，**第 6 章ではバルク超電導体の着磁に関する解析を行います。実際に超電導解析モデル（n 値モデル）を実装してバルク超導体の磁界中冷却に関する解析を行い，**超電導体の解析とはどのようなものであるか，その「入口」を体感してもらいたいと思います。こちらも最初にマクスウェル方程式から出発して，どのように n 値モデルを組み込んで超電導解析を行っていくかの過程を理解してから COMSOL の解析に進むようになっています。

さらに付録には，**COMSOL でエラーが出た時のトラブルシューティングや，超電導モデルを扱った有用な Web サイトなど**に関して，ごく簡単な内容ではありますが，記述しておきましたので，参考までにご覧ください。

また各章の最後に**「これは余談ですが…」というタイトルで，著者の研究活動や大学院生時代の経験をまとめたコラムを掲載していますので**，気晴らしに読んでみてください。

ところで「ちょうでんどう」という言葉は，一般的に漢字で「超電導」と「超伝導」の2通りが官公庁・企業・アカデミック機関で使用されています。本書では著者自身が勤務先や仕事で使うことの多い「超電導」の方を使用しています（コラム「これは余談ですが…」の中にもこの使い分けについて書いています）。

以上に挙げた本書の内容は，世の中に出回っている様々な超電導関連の書籍だけでなく，著者が勤務する東京大学で行った学部生，大学院生向けの講義資料や，所属する大崎研究室内で学生達が打ち合わせ用に作成した資料，研究室を卒業・修了していった OB の学生達が新人用に作ってくれた解析プログラムや実験のマニュアルなど，様々な資料をベースにまとめられています。よって本書の著者は自体は私（寺尾）ではあるのですが，ある意味では大崎研究室としてのノウハウが色々と詰まった1冊であるとも言えます。少しでもこれから超電導を学ぶ皆様がこの分野を理解する助けになることを祈ります。そして，本書を踏み台として世に出ている国内外の様々な超電導関連の名著へ進んでいただき，**「この本は簡単すぎる」**という領域に辿り着いていただければ著者として大変嬉しく思います。でも，読み終えてから古本屋に売らないで下さいね（笑）。

本書の執筆に当たって，著者の執筆速度が遅い中，辛抱強くお待ちいただきつつ，脱稿時期の調整，編集や内容に関して丁寧なアドバイスをくださいました株式会社近代科学社の石井沙知様，伊藤雅英様，山根加那子様，そして執筆のお話をいただき，かつ COMSOL に関して様々な相談をさせていただきました，計測エンジニアリングシステム株式会社の小澤和夫様，橋口真宜様には，多大な感謝を申し上げます。また，日頃から共

同研究等でお世話になっている JAXA の主任研究開発員である岡井敬一様には本書執筆のため，計測エンジニアリングシステム株式会社の皆様との橋渡しをしていただき，感謝いたします。

　また，物質・材料研究機構の主幹研究員である伴野信哉様，青山学院大学の助教である元木貴則先生，東京大学の教授である関野正樹先生には，本書を書く上で貴重な図や写真を提供，描画いただき心より感謝いたします。

　著者の恩師や勤務する研究室内の皆様にも大変お世話になりました。私を超電導の世界で最初に指導いただきました学部時代の恩師である山形大学・名誉教授の大嶋重利先生，山形大学・教授の齊藤敦先生ならびに，大学院で博士号取得まで指導いただきました恩師かつ現在の上司である東京大学・教授の大崎博之先生には，図々しくも（？），今回の様な本を書かせていただくようになるまで指導いただき心より感謝いたします。そして大崎研究室内で原稿のチェックをしてくれた修士課程学生の原島郁弥君，同じく原稿チェックや COMSOL の操作で数多くの協力をしてくれた修士課程学生の河野亮介君，博士課程学生の奥村皐月さん，第2章の実験で大変お世話になりました研究員の淵野修一郎様，本書のベースとなる COMSOL のサンプルプログラムやマニュアルを残していってくれた，研究室 OB の石田裕亮君には心から感謝を申し上げます。研究室の皆さんなしでは，本書の完成は難しかったと思います。

　最後に，日頃から私を支えてくれている妻の沙希，息子の維人，両親，そして理系の世界へ進むきっかけとなった祖父の弘に感謝したいと思います。

2023 年 11 月
寺尾 悠

目次

第1章　超電導概論

第2章　超電導材料を用いた実験

第3章 超電導電磁現象のモデル化

第4章 永久磁石の電磁界解析

第5章 バルク超電導体内に流れる電流密度の考察

第6章 n 値モデルを用いたバルク超電導体の着磁解析

付録

第1章

超電導概論

　本章ではまず，超電導の概要について「ざっくり」と解説します。すなわち超電導の発見から，有名な物理現象に関する数式の意味，超電導材料からその応用に至るまで，ダイジェストで解説しています。よってまずは「超電導」がどのようなものであるか，その「世界観」を知ってください。また，本章で登場する数式は是非，皆さんも紙と鉛筆を使って一度計算をされることをおすすめします。

1.1 超電導現象の発見

　超電導体は極低温まで冷却すると，**直流電気抵抗がゼロとなる物質**と言われていますが，これらの物質・現象はどのように発見されたのでしょうか？ いきなり話が脱線しますが，現代の低温工学ひいては物理学において「すべての気体は冷却することで液体になる」というのは周知の事実です。しかし 1800 年代（当時の日本は江戸時代終盤から明治時代への移り変わりの時期）にはこれが当然ではなく，これを実験的に確かめようという試みが盛んに行われており，塩素ガスやアンモニアなどの気体が次々と液化されていきました。そして 1870 年頃には加圧冷却により液化出来ない気体は「酸素」，「窒素」，「水素」，「ヘリウム」の 4 つのみになっていました。

　1877 年に酸素と窒素，1898 年に水素がそれぞれ液化され，最後の砦であったヘリウムが，1908 年についにオランダのライデン大学の教授であるカメリン・オンネス氏により液化されました。

　このような中で，超電導現象はヘリウムの液化に成功した 3 年後の 1911 年に発見されました。オンネス氏は液化されたヘリウムを用いて金属の電気抵抗の温度依存性を調べており，複数の金属の抵抗の測定を行っていました。この際に金属の純度等も関係して液体ヘリウムの沸点である 4.2 K まで冷却していくと抵抗値は減少しても，ある値で飽和してしまうという結果が得られている中，比較的高い純度が得られる水銀を使用して実験を行ったところ，4.15 K に到達したところで急激に抵抗が減少して最終的にゼロになるという現象を観測しました。彼はこの現象を超電導と名付けました（図 1.1）。すなわち超電導現象は，金属の電気抵抗を極低温で測定する過程で偶然発見された現象で，オンネス氏は 1913 年に「ヘリウムの液化及び超電導現象の発見」によりノーベル物理学賞を受賞しました。

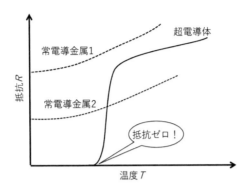

図 1.1　常電導金属及び超電導体の電気抵抗の温度依存性

　しかし，ここで 1 つの疑問が残ります。「抵抗ゼロ」という現象自体をどのように確かめたのでしょうか？　そもそも抵抗が本当にゼロなのか，測定不能なくらい小さいのかは当時どのように判断できたのでしょうか？　この抵抗値がゼロとなった当初，オンネス氏は実験上の間違いであると考え，確認のために何度も実験を試みました。ここで登場するのが「永久電流」の考え方です。図 1.2 に示すように，超電導体で出来たリングに電流を流すとアンペールの法則により磁界が発生します。この発生磁界を測定することで電流の大きさを確認できます。ここでもし本当に超電導体の直流抵抗がゼロとなるのなら，発生磁界の値は，同じ電流が流れ続ける限り変わらないはずです。逆に言えば，抵抗が存在すれば，電流は次第に減衰していくはずです。このような実験により，長期間に渡って電流が減衰しなかったことから，ようやく超電導体の直流抵抗がゼロであることが確認されました。

　オンネス氏らはその後に超電導体に転移する温度（臨界温度 T_{C0}）及び超電導現象が消失する磁界強度（臨界磁界 H_C）が物質それぞれで異なることを示しました。そしてこの磁界と温度の関係は下記のように近似されます。

$$H_C\left(T\right) = H_{C0}\left\{1 - \left(\frac{T}{T_{C0}}\right)^2\right\} \tag{1.1}$$

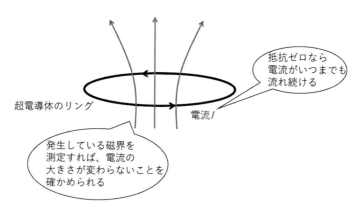

図 1.2　超電導体における永久電流の概念図

　ここで，H_{C0} [A/m] は絶対零度 $T = 0$ K における臨界磁界，T_{C0} [K] は超電導にかかる外部磁界がゼロの場合の臨界温度です。これらの関係を図示したものが図 1.3 になります。

　水銀による超電導現象が確認されて以来，超電導状態になる金属元素が次々と発見されるようになりました。表 1.1 に超電導現象が確認された金属類を示します。金属単体で最も臨界温度 T_{C0} が高いのはニオブ（Nb）の 9.17 K であることが分かります。

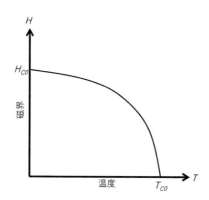

図 1.3　超電導体における臨界温度 T_{C0} と臨界磁界 H_{C0} の関係

表 1.1　超電導体となる金属元素の臨界温度 T_{C0} と臨界磁界 H_{C0}

元素	T_{C0} [K]	H_{C0} [$\times 10^{-4}$ T]	元素	T_{C0} [K]	H_{C0} [$\times 10^{-4}$ T]
Al	1.183	104	Ru	0.49	66
Ga	1.087	59.4	Ta	4.39	780
In	3.407	282.7	Tc	8.22	-
Ir	0.14	20	Tl	2.38	176.5
La-α	4.80	-	Th	1.368	131
La-β	5.91	1600	Sn	3.722	303
Pb	7.23	803	Ti	0.42	56
Hg-α	4.153	412	W	0.012	1.07
Hg-β	3.941	339	U-α	0.68	-
Mo	0.915	95	U-β	1.180	-
Nb	9.17	1944	V	5.3	1310
Os	0.655	65	Zr	0.852	51.8
Re	1.70	188	Zn	0.546	47

1.2　超電導体の臨界状態

　前項において超電導現象を示す物質が発見され，それらには臨界温度（T_{C0} 改め Tc）及び臨界磁界（H_{C0} 改め H_C [A/m] もしくは B_C [T]）というものが存在することが分かりました。実際の超電導体にはこれら 2 つに加えて臨界電流（I_C[A]）が存在し，これら 3 つの要素が絶妙なバランス関係で成り立っています。すなわちこれら 3 つの内の 1 つでも臨界値を超えてしまうと，超電導状態が成り立たなくなってしまいます。例えば超電導線材に Ic [A] を超えない範囲の電流を流していても，線材を冷却している冷媒の温度が何らかの影響で上昇もしくは蒸発した場合には，超電導線材自身の温度が上昇し，T_C [K] を超えると超電導状態が破れて常電導状態に戻ってしまいます。

　このように，臨界状態における 3 つの値（Tc, B_C, Ic）は他の 2 つの状態の関数で表され，超電導体自身が**超電導状態を保つことの出来る「境**

19

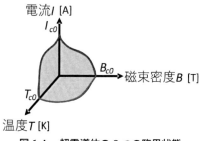

図 1.4　超電導体の 3 つの臨界状態

界値」であると言えます。すなわち図 1.4 の T_{co}，B_{co}，I_{co} と，他の 2 つのいずれかの物理量がゼロの場合の臨界値で囲まれた領域内というのが超電導状態を保つための必須領域であり，この領域を少しでも超えた瞬間に超電導状態から常電導状態へ転移します。後述しますが，超電導体を様々な産業分野に応用する際にはこれらの臨界状態を非常に注意深く考慮しながら開発を行っていく必要があります。これがある種超電導体の非常に厄介な一面であると同時に，魅力的な（？）一面でもあります。

1.3　超電導体の基本性質

　上記で臨界状態が超電導状態を保つための境界値であると述べましたが，そもそも物質は何をもって超電導状態であると言えるのでしょうか？一般には，大きく分けて① **直流抵抗ゼロ（完全導電性）**，② **マイスナー効果（完全反磁性）**，③ **ジョセフソン効果** の 3 つもしくは後述する「磁束の量子化」を含む 4 つの特徴を持つことが超電導体としての基本的な性質であるとされています。

1.3.1　直流抵抗ゼロ（完全導電性）

　超電導という言葉を聞いた瞬間に，まずほとんどの方々が最初に思い浮かべるのはこの現象ではないでしょうか？　図 1.1 に既に示しましたが，超電導体を $T_C[\mathrm{K}]$ 以下まで冷却すると直流抵抗はゼロになります。これ

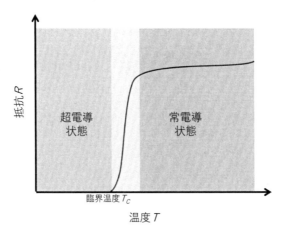

図 1.5 超電導体の抵抗-温度特性

は言い換えると「完全導電性」ということを表しています。この現象をもう少し細かく示したのが図 1.5 になります。裏を返せば，超電導体は T_C 以下まで冷却されている限りは直流抵抗がゼロなのですが，冷却温度が $T_C[\mathrm{K}]$ を超えた瞬間に超電導状態から急激に抵抗値が発生・増加し，常電導状態へ転移します。このように超電導状態（Superconducting State）から常電導状態（Normal Conducting State）へ状態が変化することを 2 つの状態を表す英単語の頭文字を取って「S-N 転移」と呼び，さらに S-N 転移した後に超電導状態へ再度復帰できなくなることを「クエンチ」すると言います。

　ところで，本項での説明を行う際に「抵抗ゼロ」ではなく**「直流抵抗ゼロ」**と記述していることに気づいたでしょうか？　そうです！　超電導体は極低温へ冷却した際にあくまで直流電流に対しての抵抗がゼロとなり，ジュール損失が発生しないのですが，交流電流を流したり，交流磁界中に超電導体を配置したりすると，本書では触れませんが，「交流損失」と呼ばれる損失が発生します。例えば文献 [1] や [2] などで詳細に解説されています。

1.3.2　マイスナー効果（完全反磁性）

　マイスナー効果は直流抵抗ゼロと同様に超電導現象の中では最もポピュラーな現象の 1 つです。直流抵抗ゼロがすなわち「完全導電性」という性質であるのに対して，本現象は「完全反磁性」というまた別の物理的な特徴があります。すなわち，外部からある物質へ磁界が印加された場合に，超電導体は印加磁界を自身の中に侵入させることなく外部へ排斥しようとすることを意味します。以下で図と式を用いて考えてみましょう。

　図 1.6 に示すように，まずは超電導体ではなく，**とある導電率を持つ仮想金属**を考えてみます。仮に，この仮想金属に外部時間が定常的に印加された状態で冷却を行います。この時の状態はどうなのでしょうか？

　ここで，マクスウェル方程式の 1 つである「ファラデーの電磁誘導の法則（真空中）」及び，「オームの法則」を導入して考えてみましょう。ベクトル演算子の $\vec{\nabla} = \frac{\partial}{\partial x}\hat{x} + \frac{\partial}{\partial y}\hat{y} + \frac{\partial}{\partial z}\hat{z}$（$\hat{x}, \hat{y}, \hat{z}$ は単位ベクトル）及び電界 E [V/m]，透磁率 μ_0 [H/m]，磁界 H [A/m]，電流密度 J [A/m^2]，導電率 σ [S/m] を用いて，

$$\vec{\nabla} \times \vec{E} = -\mu_0 \frac{\partial \vec{H}}{\partial t} \tag{1.2}$$

$$\vec{J} = \sigma \vec{E} \tag{1.3}$$

と表されます。つまり，時間変化する磁界 H [A/m] により電界 E [V/m] が発生するという意味です。そしてその結果として，物質が持つ固有の導電率 σ [S/m] との関係から電流密度 J [A/m^2] の遮蔽電流が磁束密度の変

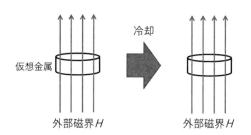

冷却

仮想金属

外部磁界 H　　　　　外部磁界 H

定常磁界中では誘導電流が流れないので遮蔽できない

図 1.6　定常磁界の発生環境下である仮想金属を冷却した場合の磁界分布

化を妨げる方向に流れるという関係です。

　これら式 (1.2) 及び式 (1.3) を図 1.6 の仮想金属の場合に当てはめてみましょう。まず，そもそも外部磁界 H は時間的な変化がなく，定常的に発生しているので，**時間的な変化はゼロ**ですよね？　ということは，式 (1.2) の右辺がゼロになります。つまり，そもそも電界 E が発生しません。よって，オームの法則において右辺の E がゼロとなり，仮想金属中で遮蔽電流が発生しません。よって，仮想金属を冷却しようがしまいが，外部磁界 H は仮想金属中を常に貫いていることになります。つまり直流抵抗ゼロの性質ではこのマイスナー効果を説明することが出来ないのです。

　では図 1.6 で示した仮想金属による現象を超電導体で置き換えて改めて考えてみましょう。これを示したのが図 1.7 になります。これは実際に表 1.1 中に含まれるスズ（Sn）を用いて行われた実験結果の概念図です。まず，$T > Tc$ の状態で Sn の単結晶に外部磁界 H を印加します。この時点では H の磁力線は Sn 中を貫いています。そして Sn を T_C 以下の超電導状態にすると，H が Sn を貫かないように変化するようになります。最後に，H をゼロにしたとしても外部磁界の有無に関わらず超電導状態での内部での磁束密度 B は常にゼロとなります。

　これはどのように解釈できるのでしょうか？　これを以下に示す物質中の磁束密度の式 (1.4) を用いて考えてみましょう。

$$\vec{B} = \mu_0 \vec{H} + \vec{M} \tag{1.4}$$

ただし，μ_0 は真空透磁率，$\vec{M}$ は磁化ベクトルを表しています。

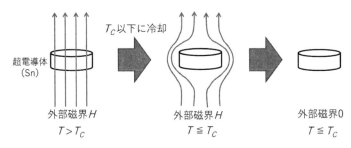

図 1.7　超電導体（Sn）を T_C 以下に冷却した場合の磁界分布

23

ここで，この磁化ベクトル $\vec{M}$ は，磁化率 χ を用いて，

$$\vec{M} = \chi \mu_0 \vec{H} \tag{1.5}$$

と表されます。すなわち式 (1.4) で $\vec{B} = 0$ を満たすためには，式 (1.5) で

$$\chi = -1 \tag{1.6}$$

である必要があります。つまりこれは「完全反磁性」の性質を持つことを意味しています。よって超電導体は，**印可された外部磁界の方向とは逆方向に磁化する反磁性の性質**を持ち，この性質をマイスナー効果と呼びます。

ちなみに科学のデモ実験において，超電導体の上で永久磁石を磁気浮上させた際に，永久磁石が安定浮上する要因がマイスナー効果によるものであると考える方が時々いらっしゃいますが，**これは正しくありません**。後に説明しますが，超電導体がマイスナー効果で自身から完全に排斥できる磁界の強さは非常に小さく，永久磁石が発生する 0.1 T 以上の磁束密度が超電導体にかかってしまうと簡単にマイスナー状態が破れてしまいます。

1.3.3 ジョセフソン効果

1962 年に，英国ケンブリッジ大学の大学院生（！）であったブライアン・ジョセフソン氏が理論的に予測し，実験的に証明された現象があります。図 1.8 に示すように，2 つの超電導体を厚さ 1 nm 程度の非常に薄い絶縁物を介して接触させた時に，電圧ゼロでトンネル電流（ジョセフソン電流）が流れます。この時，電流がある臨界値を超えると数 mV の電圧を 1 ps 以下のみ発生するのですが，この現象が超電導状態となる条件の 3 つ目であるジョセフソン効果です。

この現象は量子力学的な観点から見た超電導現象であると言えます。一般に**超電導体中の電子はクーパー対という電子のペアを作っており**，これらの位相は揃っています。しかし，図 1.8 のように超電導体 1 と超電導体 2 においてそれぞれの電子対で位相差 θ が存在する場合，ジョセフソン電流 I [A] は以下のように表されます。

$$I = I_C \sin\theta \tag{1.7}$$

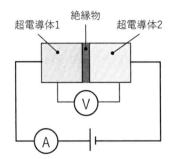

図 1.8　ジョセフソン接合の概念図

のジョセフソン電流 I が流れて電圧が発生した際にその位相 θ は変化して電圧 1 μV に対して周波数は 483.6 MHz となることが知られています。本現象は電圧標準や高感度磁界センサ（SQUID）をはじめ，様々なデバイスに応用されています。

1.4　ロンドン理論による超電導現象の記述

　さて，1.3.1 と 1.3.2 において直流抵抗ゼロとマイスナー効果に関して紹介しましたが，これらにより超電導体は「完全導電性」と「完全反磁性」の両方の特徴を持つ特殊な物質であることが分かりました。では，これらを電磁気学的に記述するとどのように表されるのでしょうか？　これを提案したのが，アメリカのロンドン兄弟でした。

　いま，超電導体内に 1.3.3 で記述した**クーパー対となった超電導電子（質量 m_S [kg]，密度 n_S [1/m3]，速度 $\vec{v_S}$ [m/s]，電荷 e_S [C]）** が存在すると考えた時，その電流密度 $\vec{J_S}$ は，

$$\vec{J_S} = n_S e_S \vec{v_S} \tag{1.8}$$

と表されます。**ベクトル量の方程式**であることをしっかりと意識してくださいね。

　一方で，電界 $\vec{E}$ が存在する場合の超電導電子の運動を考えてみましょう。すなわち，電界によって電子が受ける力は一般に電荷 e と合わせて

$e\vec{E}$ となるので，運動方程式により

$$m_S \frac{d\vec{v_S}}{dt} = e_S\vec{E} \tag{1.9}$$

と表されます。こちらも同様にベクトル量の運動方程式ということを忘れないでください。

　さて，この式 (1.9) が示す意味は何でしょうか？　式 (1.9) の両辺のベクトル部分に着目しましょう。つまり，**電界 $\vec{E}$ が存在する場合，超電導電子は超電導体中で加速度 $d\,\vec{v}_S/dt$ で加速され，これを阻害する逆方向の力は存在しない**という意味を表しています。確かに，式 (1.9) の右辺に超電導電子の加速を阻害する力の項（マイナスの項）はありませんよね？つまりは，**超電導電子の進行方向を邪魔するものはない ＝ 電流が流れる際の抵抗が存在しない**という意味であり，これは**直流抵抗ゼロ（完全導電性）を表している**といえます。

　ここで，式 (1.8) を速度 $\vec{v_S}$ について解くと，

$$\vec{v_S} = \frac{\vec{J_S}}{n_S e_S} \tag{1.8}$$

となりますので，これを式 (1.9) へ代入すると

$$m_S \frac{d}{dt}\left(\frac{\vec{J_S}}{n_S e_S}\right) = e_S\vec{E}$$

$$\frac{m_S}{n_S e_S{}^2}\frac{d\vec{J_S}}{dt} = \vec{E}$$

$$\Lambda\frac{d\vec{J_S}}{dt} = \vec{E} \tag{1.10}$$

ただし

$$\Lambda = \frac{m_S}{n_S e_S{}^2} \tag{1.11}$$

と表されます。

　ここで，マクスウェル方程式の 1 つであるファラデーの電磁誘導の法則を導入しましょう。

$$\vec{\nabla} \times \vec{E} = -\frac{\partial \vec{B}}{\partial t} \tag{1.12}$$

繰り返しですが，この式の意味は**時間変化する磁束密度（磁界）が電界を発生させる**という意味でしたね。では，今回における「時間変化する磁束密度」とは何でしょうか？ そう，**超電導体に印加された外部磁束密度**のことですね。でもこの式の電界とは何でしょう？

ここで登場するのが先ほどの式 (1.10) 及び式 (1.11) です。まず式 (1.10) を式 (1.12) へ代入して整理してみましょう。

$$\vec{\nabla} \times \left(\Lambda \frac{d\vec{J}_S}{dt} \right) = -\frac{\partial \vec{B}}{\partial t}$$

$$\frac{d}{dt} \left(\vec{\nabla} \times \Lambda \vec{J}_S \right) = \frac{d}{dt} \left(-\vec{B} \right)$$

ここで，両辺を t で積分した場合の積分定数がゼロであると考えると，

$$\vec{\nabla} \times \Lambda \vec{J}_S = -\vec{B} = -\mu_0 \vec{H} \tag{1.13}$$

となり，2 つ目の方程式が導かれました。この式の意味はどうでしょうか？ 左辺の $\vec{J}_S$ は超電動電流密度，右辺は超電導体にかかる外部磁束密度ですが，マイナスがついていますよね？ つまり，**超電導電流密度 J_S は外部磁界（磁束密度）を打ち消すような磁界（遮蔽磁界）を発生させる（図 1.9）**という解釈になりますね。これがマイスナー効果を表しています。先ほどの 1.3.2 項では，磁性体の磁化ベクトルを用いてマイスナー効果の完全反磁性を説明しましたが，今回のように超電導電流密度 $\vec{J}_S$ を用いての遮蔽電流としての考え方でもマイスナー効果を説明することが可能です。是非，これに関しては皆さんのイメージしやすい方で理解してくだ

外部磁界 H

J_S

J_Sによる遮蔽磁界-H
で超電導体内には磁束が侵入しない

図 1.9　遮蔽電流による逆方向の遮蔽磁界のイメージで捉えたマイスナー効果

さい。

　ではもう少し話を続けていきましょう。式 (1.13) は電流密度と磁束密度（磁界）の関係式ですが，この 2 つの物理定数の関係式と言えばもう1 つ，マクスウェル方程式の 1 つであるアンペールの法則がありましたよね？

　よって先ほどの超電導電流密度 $\vec{J}_S$ を用いて考えると，

$$\vec{\nabla} \times \vec{B} = \mu_0 \vec{J}_S \tag{1.14}$$

と表されます。先ほどの式 (1.13) はマイナスがついていたのですが，この式 (1.14) はあくまで**超電導電流が存在した際に「右ねじの法則」で発生する磁束密度（磁界）**を表しているので，上記の式 (1.13) とは解釈が異なることに注意してください。

　いまこの式 (1.14) を，式 (1.13) に代入して計算していきます。まずは式 (1.14) を変形して，

$$\vec{J}_S = \frac{1}{\mu_0} \vec{\nabla} \times \vec{B} \tag{1.14'}$$

となるので，これを式 (1.13) に代入してまとめると，

$$\vec{\nabla} \times \Lambda \frac{1}{\mu_0} \vec{\nabla} \times \vec{B} = -\vec{B}$$
$$\frac{\Lambda}{\mu_0} \left(\vec{\nabla} \times \vec{\nabla} \times \vec{B} \right) = -\vec{B} \tag{1.15}$$

となります。つまり，磁束密度 B のみの方程式になりました。

　ここでベクトルの演算公式より，

$$\vec{\nabla} \times \vec{\nabla} \times \vec{B} = \vec{\nabla} \left(\vec{\nabla} \cdot \vec{B} \right) - \nabla^2 \vec{B} \tag{1.16}$$

となりますが，この式をよく見るとマクスウェル方程式の 1 つが隠れています。すなわち，

$$\vec{\nabla} \cdot \vec{B} = 0 \tag{1.17}$$

ですので，式 (1.16) は最終的に

$$\vec{\nabla} \times \vec{\nabla} \times \vec{B} = -\nabla^2 \vec{B} \tag{1.16'}$$

となり，これを式 (1.15) に代入すると，

$$\frac{\Lambda}{\mu_0}\left(-\nabla^2\vec{B}\right) = -\vec{B}$$

$$\frac{\Lambda}{\mu_0}\left(\nabla^2\vec{B}\right) = \vec{B}$$

$$\nabla^2\vec{B} = \frac{\mu_0}{\Lambda}\vec{B}$$

$$\nabla^2\vec{B} = \frac{1}{\lambda_L{}^2}\vec{B} \tag{1.18}$$

となります。すなわち 2 階の微分方程式が導かれました。

　いま，この微分方程式を **1 次元すなわち両辺が x 成分のみ**の場合に関して解いてみましょう。すなわち下記のように表されます。

$$\frac{d^2B}{dx^2} = \frac{1}{\lambda_L{}^2}B \tag{1.19}$$

いま，$B = e^{\alpha x}$ とおいて代入すると，

$$\alpha^2 e^{\alpha x} = \frac{1}{\lambda_L{}^2}e^{\alpha x}$$

となり，両辺が等しいためには

$$\alpha^2 = \frac{1}{\lambda_L{}^2}$$

すなわち式 (1.11) とから

$$\alpha = \pm\frac{1}{\lambda_L} = \pm\sqrt{\frac{\mu_0}{\Lambda}} = \pm\sqrt{\frac{\mu_0 n_S e_S{}^2}{m_S}} \tag{1.20}$$

となりますが，$\alpha > 0$ となると磁束密度 B が発散することになり，物理的に不自然になりますので，$\alpha < 0$ の場合すなわち

$$\alpha = -\sqrt{\frac{\mu_0 n_S e_S{}^2}{m_S}} \tag{1.21}$$

を採用しかつ，$x = 0$ における初期値を $B_0 (=\mu_0 H_0)$ とおくと

$$B = B_0 exp\left(-\sqrt{\frac{\mu_0 n_S e_S{}^2}{m_S}}x\right)$$

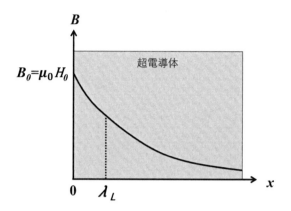

図 1.10　ロンドンの侵入長 λ_L のイメージ

$$B = B_0 exp \left(-\frac{x}{\lambda_L} \right) \tag{1.22}$$

ただし，

$$\lambda_L = \sqrt{\frac{m_S}{\mu_0 n_S e_S{}^2}} \tag{1.23}$$

となりますので，これを図示してみると図 1.10 のようになります。この時の λ_L を**ロンドンの侵入長**と呼びます。すなわち，マイスナー効果で完全反磁性を示して，超電導体の中に磁束密度（磁界）の侵入を許さないとは言いつつも，**非常に微小な長さ (10^{-7}〜10^{-8} m オーダー程度) までは磁界が侵入する**ことを意味しています。

1.5　コヒーレンス長

　上記で示したロンドンの侵入長 λ_L ですが，当時理論的に導き出された λ_L と複数の超電導体での実験値がなかなか合わないというケースも出てきました。これはピパード氏の研究によって見出されたものであり，1.3.3 項で述べた**クーパー対を形成した超電導電子の空間的な広がりの程度を表すコヒーレンス長** ξ **[m]** を導入しました。これは図 1.11 に示すよ

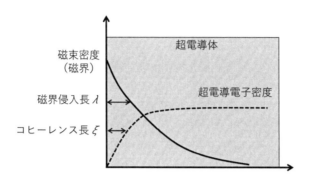

図1.11 超電導体内のコヒーレンス長と磁界侵入長の関係

うに，ξ **が長いとその分だけ超電導電子密度が濃い領域が超電導体表面から奥まったところにある**ということが言えます。また，ξ は磁界侵入長 λ（ロンドン侵入長 λ_L を一般化したもの）と密接な関係を持っており，これらの関係によって次節の第1種超電導体と第2種超電導体の区別を行うことも可能になります。このコヒーレンス長の厳密な議論は1950年に提唱されたギンツブルグ（Ginzburg）氏とランダウ（Landau）氏によるGL理論及びその中におけるGL方程式等により行われますが，本書ではこの部分は省略しますので，興味のある方はさらに発展的な専門書等を紐解いてください。

1.6　第1種超電導体と第2種超電導体

　外部磁界 H 中における超電導体は，自身に電流を流して遮蔽磁界を発生し，完全反磁性（マイスナー効果）を示すというのがこれまでの説明でした。しかし，発生している外部磁界を一切自身の中に取り込まないように遮蔽電流を流し続けるというのは，超電導体にとって「エネルギー消費が大きい」ことを意味しています。例えば表1.1に示した超電導現象を示す金属元素を見ても，臨界磁界 H_{C0} が数 mT〜0.2 T 弱という微小な磁界でないと超電導状態を保つことができません。

　このような中でマイスナー現象を示した後に，その時の磁界の値を超え

ると外部磁界による磁束の一部を自身の中へ取り込み，一部を常電導状態としながらもまだ超電導状態を示す超電導体が発見されました。すなわち，**自身の中に多少の傷を負って（一部常電導状態になって）でも，全体として超電導状態を維持できればよい**という割り切った状態となる超電導体です。このような超電導体が発見されたことで，図 1.12 (a) に示すような H_{C0} を超えた後に常電導状態となる超電導体を**第 1 種超電導体**と呼ぶ一方，マイスナー効果を示す最大の磁界 H_{C1} と自身の体内に磁束を取り込みつつ超電導状態を維持し続けることの出来るもう 1 つの臨界磁界 H_{C2} を持つ超電導体を**第 2 種超電導体**と呼びます（図 1.12 (b)）。ここで上記の 2 つの臨界磁界 H_{C1} と H_{C2} をそれぞれ**「下部臨界磁界（H_{C1}）」**

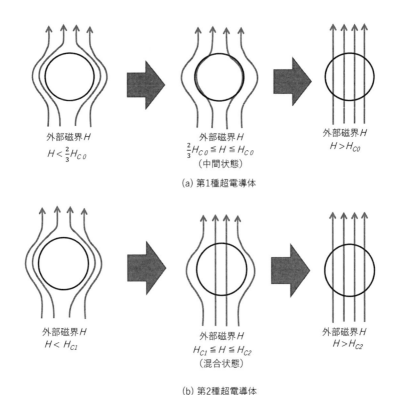

外部磁界 H
$H < \frac{2}{3}H_{C0}$

外部磁界 H
$\frac{2}{3}H_{C0} \leqq H \leqq H_{C0}$
（中間状態）

外部磁界 H
$H > H_{C0}$

(a) 第1種超電導体

外部磁界 H
$H < H_{C1}$

外部磁界 H
$H_{C1} \leqq H \leqq H_{C2}$
（混合状態）

外部磁界 H
$H > H_{C2}$

(b) 第2種超電導体

図 1.12　第 1 種及び第 2 種超電導体における外部磁界の大きさによる変化

及び「**上部臨界磁界（H_{C2}）**」と定義し，図 1.12 (b) の真ん中に示すよう
な**超電導状態と常電導状態が混じった状態（$H_{C1} \leqq H \leqq H_{C2}$）**を「**混合
状態**」と呼んでいます。

　一方，第 1 種超電導体の場合の状態を考えてみます。一般的に，マイス
ナー状態での超電導体表面における磁界分布は，超電導体の形状により異
なります。すなわち減磁率 n という値を導入し，超電導体の表面磁界の
最大値 H_{C0} を求めると，外部磁界 H を用いて $H_{C0} = H/(1 - n)$ と表さ
れます。この n は，図 1.12 のように超電導体の形状が球であれば 1/3 と
なります。よって図 1.12 (a) の第 1 種超電導体においては，マイスナー
効果を示しつつ，外部磁界 H の強さが H_{C0} の 3 分の 2 を超えた辺りで一
部が端部から超電導体内に侵入します。この時の状態を**中間状態**と呼び，
第 2 種超電導体における混合状態と比較されますが，そもそも領域の大き
さが異なり，

- 中間状態：超電導体内において，超電導部分と端部の常電導部分の領
  域の間隔が 0.1 mm 程度以上
- 混合状態：超電導体内において，磁束が貫通し常電導領域の大きさと
  して 50 nm 以下程度の範囲が複数（1.7 第 2 種超電導体における補足
  磁束も参照してください）

という風にイメージしてください。つまり，ミリ単位及びナノ単位で 2 つ
の状態のスケール感が大きく違うことが分かりますね。

　上記の内容に加えて，第 1 種超電導体と第 2 種超電導体の違いを別の視
点から見てみましょう。図 1.13 は外部磁界 H を縦軸，超電導体の温度を
横軸に取った際の関係図です。図 1.13 (b) の第 2 種超電導体の場合には
マイスナー効果と混合状態の相が下部臨界磁界（H_{C1}）で区切られてい
ます。

　今度は，1.5 におけるコヒーレンス長 ξ を導入して考えてみましょう。
第 1 種超電導体の場合には図 1.14 (a) に示すように侵入長 λ とコヒーレ
ンス長 ξ の関係は $\lambda < \xi$ となります。よってマイスナー効果による磁気
遮蔽が起こり，超電導体の内部（超電導電子密度が高い部分）に磁束（磁
界）がほとんど到達しません。その一方，第 2 種超電導体に関しては，こ

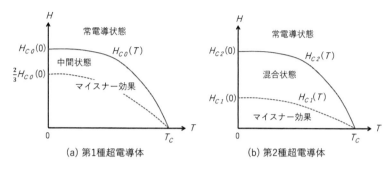

(a) 第1種超電導体　　　　　　　　(b) 第2種超電導体

図 1.13　第 1 種及び第 2 種超電導体（球体）における外部磁界と温度の関係

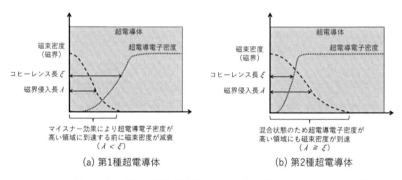

(a) 第1種超電導体　　　　　　　　(b) 第2種超電導体

図 1.14　第 1 種及び第 2 種超電導体における侵入長 λ とコヒーレンス長 ξ の関係

ちらにおける侵入長 λ とコヒーレンス長 ξ の関係は $\lambda \geqq \xi$ となります。すなわち超電導体が超電導状態である自身の一部に磁束を侵入させるために常電導部分を作り出すことで，少しでも長く超電導状態を維持しようとしているので，図 1.14 (b) に示すように，超電導電子密度が高い領域にも磁界が到達します。

1.7　第 2 種超電導体における捕捉磁束

　前節で紹介した第 2 種超電導体の概念図を図 1.15 に示します。すでに述べましたが，第 2 種超電導体は，自身の超電導状態を維持するために外

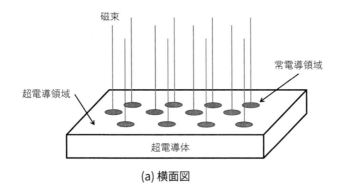

(a) 横面図

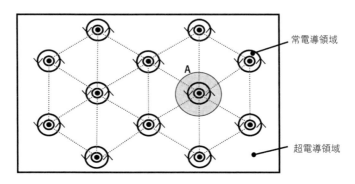

(b) 上面図

図 1.15　第 2 種超電導体の概念図

部磁界の一部を自身の中に侵入させて常電導領域を作り出しつつ，超電導
状態を保とうとする特徴があります。図 1.15 (b) のように，磁束が侵入
した常電導領域 (50 nm 以下程度の範囲) と超電導領域の境界線には電流
が流れています。また磁束は規則正しく並んでいることが分かりますね。

　ところで，このように超電導体内で規則正しく並んでいる磁束の単体の
大きさ（図 1.15 (b) の A の領域）というのはどのくらいになっているの
でしょうか？　そうです，これが「磁束の量子化」と関係があります。い
きなりこの言葉の定義を言ってしまうと，**「第 2 種超電導体中の常電導領
域において，磁束の値は磁束量子 ϕ_0 の整数倍（とびとび）の値しかとる
ことができない」**ということを意味しています。

これを数式で表すと，下記のようになります。

$$\varnothing = n\varnothing_0 \quad (n = 1, 2, 3, 4, \ldots) \tag{1.24}$$

$$\varnothing_0 = \frac{h}{2e} = 2.07 \times 10^{-15} \; [\mathrm{Wb}] \tag{1.25}$$

ただし，$h = 6.62607015 \times 10^{-34}$ J・s：プランク定数，$e = 1.60217663 \times 10^{-19}$ C：電気素量です。ところで，式 (1.25) において分母が「$2e$」になっているのはなぜか…もう分かりますよね？　超電導体は「クーパー対」という電子のペアを作っているという定義からくるものです。では，式 (1.24) を導いてみましょう。まず，先程の「とびとびの」という言葉に注目してみましょう。どこかで聞いた覚えがありませんか？　大学入試や，大学の量子力学の授業で聞いたような…そう！**「ボーアの量子条件」**です。すなわち**「水素原子中の電子のエネルギーは，とびとびの値しか取ることができない」**という法則でしたね。これを数式で表すと下記のようになります。

$$\oint_C \vec{p} \cdot d\vec{r} = nh \tag{1.26}$$

ここで，$\vec{p}$ は電子の運動量です。いま，超電導電子の質量 m_S，電気素量 $e_S = 2e$，速度 $\vec{v_S}$ 及びベクトルポテンシャル $\vec{A}$ を用いて超電導電子の運動量を表現すると，

$$\vec{p} = m_S \vec{v_s} + e_S \vec{A} \tag{1.27}$$

と表されます。あれ？　運動量を表す数式ですが，右辺の 2 項目に妙な項（$e_S \vec{A}$）がありますね…。これは今回扱う粒子（超電導電子）が，磁界（正確には磁束 ϕ）が存在する環境下で運動することを考察しているためです。

　では，式 (1.26) に式 (1.27) を代入してみます。

$$\oint_C \vec{p} \cdot d\vec{r} = nh$$

$$\oint_C \left(m_S \vec{v_s} + e_S \vec{A} \right) \cdot d\vec{r} = nh$$

$$\oint_C m_S \vec{v_s} \cdot d\vec{r} + \oint_C e_S \vec{A} \cdot d\vec{r} = nh$$

$$\oint_C m_S \vec{v_s} \cdot d\vec{r} + e_S \oint_C \vec{A} \cdot d\vec{r} = nh \tag{1.28}$$

ここで式 (1.28) の左辺の第 2 項に着目します。この周回積分は「ストークスの定理」を用いて下記のように変形ができます。

$$\oint_C \vec{A} \cdot d\vec{r} = \int_S \left(\vec{\nabla} \times \vec{A}\right) \cdot d\vec{S} \tag{1.29}$$

さらに，右辺はベクトルポテンシャル $\vec{A}$ と磁束密度 $\vec{B}$ の関係式 $\vec{\nabla} \times \vec{A} = \vec{B}$ により

$$\int_S \left(\vec{\nabla} \times \vec{A}\right) \cdot d\vec{S} = \int_S \vec{B} \cdot d\vec{S} = \varnothing \tag{1.30}$$

となります。

よって，式 (1.30) を式 (1.28) へ代入すると，

$$\oint_C m_S \vec{v_s} \cdot d\vec{r} + e_S \varnothing = nh \tag{1.31}$$

となります。もう少しでゴールですが，左辺の第 1 項をどうするか… これは第 1 項の積分範囲を考えてみましょう。イメージとしては図 1.16，すなわち図 1.15 (b) の A の領域を抜き出した部分に着目していきます。

上記において積分範囲 C を常電導領域に設定した場合，**超電導電子は「常電導」の領域にはそもそも存在しません。**よって，$\vec{v_s} = 0$ となりますので，第 1 項がゼロになります。

よって式 (1.31) は，

$$e_S \varnothing = nh$$

図 1.16　常電導領域における磁束と積分範囲の関係

$$2e\varnothing = nh$$

$$\varnothing = n\frac{h}{2e}$$

$$\varnothing = n\varnothing_0 \tag{1.32}$$

と求まり，式 (1.32) は式 (1.24) と一致しますね。上記の 1.3 において，超電導体は 3 つ（直流抵抗ゼロ，マイスナー効果，ジョセフソン効果）の特徴を示すと述べましたが，**第 2 種電電導体の場合は，この「磁束の量子化」も含めて 4 つとなる**ことを頭の中に入れておいてください。

　上記で説明した捕捉磁束ですが，外部から及ぼされる熱等の外乱により急な移動をする場合があり，この現象をフラックスジャンプ（磁束跳躍）と言います。このプロセスを示したものが図 1.17 です。すなわち，① 何らかの外乱で超電導体部分に ΔQ_0 の熱が発生すると，② 部分的に温度が ΔT だけ上昇し，③ その部分の臨界電流密度が ΔJc だけ低下します。④ その結果として超電導体内に $\Delta \varphi$ の磁束が侵入しますが，φ が侵入（動く）と，電磁誘導の法則により部分的に電圧が発生し，⑤ 流れる電流との兼ね合いでジュール熱が ΔQ だけ発生します。このプロセスで $\Delta Q_0 < \Delta Q$ となった場合には，大量の磁束が超電導体内に侵入するために発熱も大きくなってしまい，最悪の場合超電導体がクエンチすることがあります。

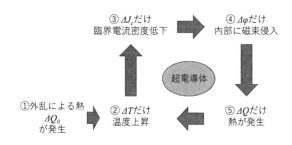

図 1.17　フラックスジャンプ発生のメカニズム

1.8 実用超電導材料の例

　ここまでで超電導体の物理的な特徴を色々と説明してきましたが，ここでは上記の物理的な特徴を踏まえて現在実用化が進んでいる超電導線材及びバルク超電導体に関して簡単に紹介します。

1.8.1 NbTi 超電導線材

　NbTi 超電導線材は，ニオブ合金材料と呼ばれている超電導線材の一種で，ニオブ（Nb）とチタン（Ti）を組み合わせた現在最も製造販売が行われている超電導線材の一種で，結晶構造としては正四面体構造をしています。図 1.18 に示すように，NbTi 超電導線材は銅の安定化材中に数百〜数千の超電導フィラメントが埋め込まれた構造をしており，加工性が容易で大量生産が可能な線材として知られています。臨界温度（T_c）は約 10 K であり，本線材の冷却には液体ヘリウムもしくは冷凍機が使用されます。

　本超電導体を線材として製作する際には，銅管の中に NbTi 超電導体を挿入して熱間押し出しをしてこれをさらに複数束ねて再び銅管に挿入して熱間押し出しという作業を繰り返して図 1.18 のような多芯線材にしてい

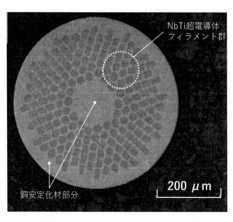

図 1.18　NbTi 超電導線材の一例（写真は物質・材料研究機構　伴野信哉主幹研究員より提供）

ます。また NbTi 線材は高磁場発生用のマグネット用の線材として使用されており，市販されている強磁界発生用の超電導マグネットや，東海旅客鉄道株式会社（JR 東海）が建設を進めている超電導リニアの車両に搭載する超電導コイル等にも使用されています。

1.8.2　Nb₃Sn 超電導線材

Nb_3Sn は，「A15 型化合物」と呼ばれている超電導物質（V_3Ga, V_3Si, Nb_3Al, Nb_3Ge, …）の 1 つになります。結晶構造図としては図 1.19 に示すような構造をしていて，Nb_3Sn は $T_c = 18$ K と最も高い臨界温度を示します。製造の際には，線材の原料を金属管中に入れて熱処理，拡散反応をさせて化合物（Nb_3Sn）を作り出すという手法がとられています。具体的な製法は複数あり，「ブロンズ法」や「内部拡散法」等が挙げられます。本線材によって製作される超電導マグネットは 20 T 以上の磁界を発生可能です。また，現在複数の国が合同で研究開発を進める国際熱核融合実験炉 ITER において，強磁界発生マグネットとして使用されています。ただし，前項に挙げた NbTi 超電導線材と比較して機械的にもろく，電磁的な応力・ひずみに敏感であるという特徴もあります。

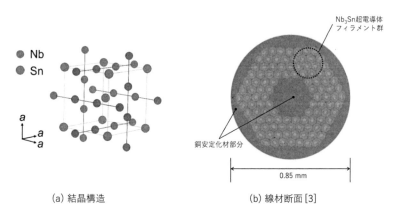

(a) 結晶構造　　　　　　　　(b) 線材断面 [3]

図 1.19　Nb₃Sn 超電導体の結晶構造と線材の一例（結晶構造図は青山学院大学 元木貴則助教より提供）

1.8.3　MgB$_2$超電導線材

　図1.20に示す，二ホウ化マグネシウムこと MgB$_2$ 超電導体は，2001年に青山学院大学の秋光純教授らの研究グループにより発見されました。当時，卒論生が偶然にこの組み合わせを発見したという逸話が残っています。本超電導体は金属系超電導体の1種であり，臨界温度が39 K で材料自体もマグネシウムとホウ素という比較的安価に入手可能な材料と考えられています。本材料を線材化する際には，これらのパウダーを金属管中に入れて熱処理し，金属管中で MgB$_2$ となった複数フィラメントを再度金属管に入れて引き伸ばし，再度金属管に入れて引き伸ばしという作業を繰り返す，Powder-In-Tube 法（PIT 法）などにより製造されます。また多芯線構造かつフィラメント同士を捻って線材を作成することが可能ということで，低交流損失化を実現するポテンシャルを秘めた材料ということで注目を集めています。すでに市販されている本線材の使用分野としては，回転機（モータ/発電機）や送電ケーブル，MRI 等への適用が期待されています。

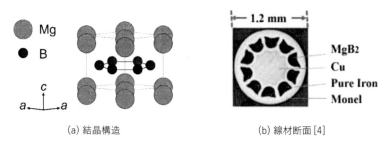

(a) 結晶構造　　　　　　　　　　　(b) 線材断面 [4]

図1.20　　MgB$_2$ 超電導体の結晶構造と線材の一例（結晶構造図は青山学院大学 元木貴則助教より提供）

1.8.4　ビスマス（Bi）系超電導線材

　1986年末から，従来の液体ヘリウム（4.2 K）や液体水素（20 K）などで冷却の必要がある超電導体と比較して，大幅に高い臨界温度を持つ超電導体が次々に発見されました。すなわち「銅酸化物超電導体」です。こ

れにより「高温超電導フィーバー」と呼ばれる現象が起こり，テレビや特撮映画にも超電導という言葉が登場する一種の社会現象となりました。

　ビスマス（Bi）系超電導体はそのような超電導フィーバーの中で発見された銅酸化物超電導体の一種で，臨界温度が約 90 K（$Bi_2Sr_2CaCu_2O_8$：Bi2212），110 K（$Bi_2Sr_2Ca_2Cu_3O_{10}$: Bi2223）とこれまで発見されていた高温超電導体の中でも非常に高い超電導材料です。図 1.21 (a) のような結晶構造をしており，この構造を一般的に「ペロブスカイト構造」と呼称します。Bi 系超電導体は市販の線材として企業から販売されており，Bi2223 の線材断面は図 1.21 (b) に示すように，銀の合金の中に複数の超電導フィラメントが埋め込まれたテープ形状をしています。本線材は構成元素の頭文字を取って，BSCCO（ビスコ）線と呼ばれることもあります。本線材も PIT 法等により製造されています。一般的にこの銅酸化物超電導体は，次項で示す希土類系銅酸化物超電導体を含めてテープ形状をしていることが多い一方で，Bi2212 は丸線が作られています。本線材は高温超電導マグネットや送電ケーブル，回転機（発電機/モータ）など幅広い応用が期待されています。

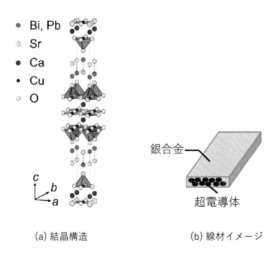

(a) 結晶構造　　　　　　　　(b) 線材イメージ

図 1.21　Bi2223 超電導体の結晶構造と線材イメージ（結晶構造図は青山学院大学 元木貴則助教より提供）

1.8.5 希土類系銅酸化物超電導線材

前項で紹介した Bi 超電導体と並んで高温超電導体として近年多くのアプリケーションへの応用が期待されているのが希土類系銅酸化物超電導体（(RE)BaCuO: REBCO, RE はレアアースの略）です。著者を含め，業界では「レブコ」と呼んでいます。この超電導体も例えばレアアースとしてイットリウム (Y) を使用した YBCO では 93 K と高く，液体窒素温度 (77 K) での使用が可能です。結晶構造は Bi 系超電導体と同じく図 1.22 (a) に示すようなペロブスカイト構造をしています。また，線材構造としては図 1.22 (b) のように金属基板と中間層や保護層等の間に，超電導の薄膜を挟み込んだ構造をしています。この薄膜を基板上に作成するためにレーザを使用したパルスレーザ堆積法（PLD 法）や化学反応を利用した化学気相堆積法（CVD 法），原料溶液を基板に塗布して焼成させる有機酸塩塗布熱分解法（MOD 法）などにより製造されます。本線材も国内外の複数の企業で製造・販売がされていますが，本線材の応用先として，Bi 系と同様に高磁場発生用のマグネットや送電ケーブル，回転機（発電機/モータ）などへの応用が期待されています。

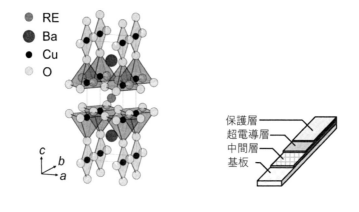

(a) 結晶構造	(b) 線材イメージ

図 1.22　　REBCO 超電導体の結晶構造と線材イメージ（結晶構造図は青山学院大学 元木貴則助教より提供）

1.8.6　バルク超電導体

バルク超電導体は読んで字のごとく超電導体の塊（バルク）です。本材料は実際に原料の粉末複数の配合を厳密に調整し炉で複数回の温度調整によって焼成して作成する「焼結法」のほか，図 1.23 に示すような種結晶を使用して厳密な温度管理の下で結晶成長させる「QMG (Quench Melt Growth) 法 [5]」，「MPMG (Melt Powder Melt Growth) 法 [6]」などの溶融法，更に低酸素分圧に制御された環境下で結晶成長させる「OCMG (Oxygen Controlled Melt-Growth) 法 [7]」と呼ばれる方法などで製造されます。また結晶成長をさせる際には，成長領域（Growth Sector Region:GSR）及び成長領域境界（Growth Sector Boundary:GSB）が現れます。

バルク超電導体は超電導体特有の強い磁束ピンニング効果を生かし，永久磁石以上の強磁束源として回転機（発電機/モータ）や磁気分離装置，磁気軸受，コンパクト NMR 装置，もしくは宇宙における放射線を防ぐ磁気遮蔽材などの応用が期待されています。特に磁束源としてどのように着磁をするかという研究は広く行われており，2003 年に村上と富田により樹脂含侵により機械的に強化されたバルク超電導体を着磁 29 K で 17.24 T を達成した論文 [8] が Nature に掲載され，さらに 2014 年にはダレルらにより 2 つのバルクを積み重ねてステンレスのリングで補強されたバルクが 26 K で 17.6 T の捕捉磁界を記録しました [9]。

さらに 2012 年頃からは超電導線材を複数積層させてバルク形状に加

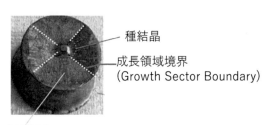

種結晶

成長領域境界
(Growth Sector Boundary)

成長領域
(Growth Sector Region)

図 1.23　バルク超電導体の外観 [5]

工して着磁を行う研究が行われており，2018 年にはパテルらが 8 K で 17.66 T の磁束密度を捕捉することに成功しています [10]。このように超電導線材を積層させてバルク超電導体のように着磁して利用する場合，大型化や加工性で有利な面もあることから，今後さらに研究が活発になっていく可能性があります。

1.9　超電導技術の応用例

ここまでにおいて，現在実用化されている超電導線材及びバルク超電導体に関して紹介しました。本節では電力・医療分野における超電導技術の応用例に関して，具体例を 3 つほど紹介していきます。

1.9.1　MRI（Magnetic Resonance Imaging）

現在，最も産業化が進んだ超電導応用の 1 つが，この MRI と言えるでしょう。読者のみなさんの中にも実際に病院で見かけたり，検査を受けた方がいるかもしれません。本装置は，人間の体内におけるプロトン（水素原子）の核磁気共鳴（Nuclear Magnetic Resonance: NMR）という現象を応用した装置です。下記の式を考えてみましょう。

$$\omega_0 = \gamma B_0 \tag{1.33}$$

ここで，ω_0 [rad/sec]，γ [A m^2/(J・s)]，B_0 [T] をそれぞれラーモア周波数，磁気回転比（原子核それぞれの固有の値），外部印可磁界です。水素原子（プロトン ^{1}H）の場合，仮に $B_0 = 1.0$ T の磁界が外部から印加された場合，共鳴周波数は 42.6 MHz となります。

図 1.24 に MRI 内のコイル構成及び装置全体の概念図を示しました。上述したように，MRI は NMR 信号を使用して人体の断面画像を撮影するための医療診断用装置です。本装置は X 線を使用する CT（Computed Tomography: コンピュータによる断層撮影）スキャンと違い，放射線の被爆がないために安全かつ SN 比がよい画質の写真撮影が可能であるという特徴があります。人体をはじめとした被験体の体内画像を撮影するため

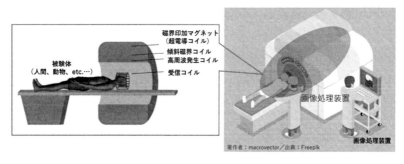

図 1.24　MRI 内のコイル構成及び全体概念図 [11]

には，図 1.24 の左側にあるような複数のコイルが必要となります。すなわち静磁界を発生させる磁界印加マグネット，撮影時の位置情報を取得するための傾斜磁界コイル，被験体内のプロトンに NMR 現象を起こさせるための高周波発生コイル，信号を受信するための受信コイルと実に 4 種類ものコイルが MRI に使用されており，最終的に受信コイルで得られた信号を画像処理装置で画像化します。

　MRI の撮像プロセスとしてはまず，磁界印加マグネットにより静磁界を発生させます（①）。この静磁界中に被験体が入ることで，被験体中の水分や臓器中においてばらばらの方向を向いている水素原子核が同一方向を向きます（②）。この状態において，先ほどの共鳴周波数 42.6 MHz を含んだ電磁波を高周波発生コイルからパルス電磁波を照射することで各々の水素原子核が核磁気共鳴（NMR）を起こして励起され，エネルギーを吸収します（③）。そしてあるタイミングで電磁波の照射を止めると，水素原子核は吸収したエネルギーを放出して緩やかに元の状態に戻ろうとし（④），この際の放出エネルギーを受信コイルで信号として検出します（⑤）。この時の緩やかに元に戻るタイミング（緩和時間）をスキャン範囲でずらすために，傾斜磁界コイルを用います。すなわちスキャンされる各々の場所に磁界の大きさの違い（傾斜磁界）を加えることで，式 (1.33) の B_0 が変化し，結果として各場所での周波数 ω_0 が異なるために受信コイルで検出される信号の強さが場所によって異なるため，最終的に信号を画像処理装置にてフーリエ変換する際に濃淡が出来て画像化が可能となり

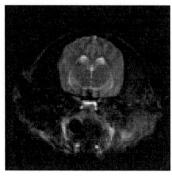

(a) 外観   (b) 撮影されたイヌの脳

図 1.25　小動物向け 4.7 T MRI の外観と撮影画像（東京大学　関野正樹教授より提供）

ます。図 1.25 に示すのは，実際の MRI（小動物向け）とこれによって撮影されたイヌの脳の部分になります。CT スキャンよりも上記の緩和時間の分だけが増加に時間はかかりますが，解像度や安全面において MRI は有用性の高い装置であるといえます。

1.9.2　超電導ケーブル

　一般に高温超電導線材は高い電流密度を誇り，液体窒素温度（77 K）において同じ電流を流すために必要な断面積が，銅線の数百分の一以下ですみます。すなわちこの線材を電力送電ケーブルとして使用すると，従来の銅線を使用したケーブルよりも軽量かつコンパクトな送電ケーブルを実現することが可能となります。すなわち超電導線材の特徴をある意味，最も直感的にイメージできるアプリケーションの 1 つと言えるかもしれません。

　図 1.26 に実際の三相超電導電力ケーブルの一例を示します [12]。本構造は「三相一括構造」と呼ばれるケーブル構造で，三相交流電流が流れる

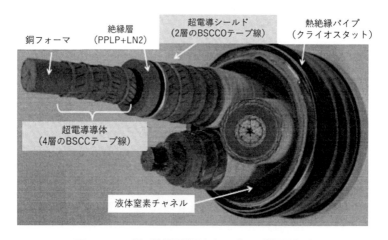

銅フォーマ
絶縁層
（PPLP+LN2）
超電導シールド
（2 層の BSCCO テープ線）
熱絶縁パイプ
（クライオスタット）

超電導導体
（4 層の BSCC テープ線）

液体窒素チャネル

図 1.26　三相一括超電導電力ケーブルの外観図 [12]

ケーブルを 1 つのクライオスタットに格納したケーブルです．本ケーブル
は BSCCO 線を使用し，液体窒素（77 K）で冷却されます．この三相一
括構造のほかに，ケーブル導体 1 相分ずつをクライオスタットに収めた，
単芯構造（1 相分のケーブル導体）や，三相のケーブルを 1 つのフォーマ
にまとめた三相同軸構造の超電導ケーブルも存在し，検討されています．
図 1.26 の 1 相分を見てみると，銅フォーマという芯線に 4 層の BSCCO
線が巻かれており（電流が流れる部分），その外側に合成紙 PPLP® と液
体窒素 LN_2 で構成された絶縁層を挟んで，磁気シールドとして 2 層の
BSCCO 線が巻かれています．これは電流が流れている部分の超電導線が
発生する磁界が外部に漏れることを防ぐためです．そしてこのケーブル 3
相分を液体窒素が流れかつ外部の熱侵入を防ぐ熱絶縁パイプ（クライオス
タット）に収めます．

　本超電導ケーブルは東京電力の旭変電所（横浜市）において，2012 年
から 2013 年に 66 kV/200 MVA の容量を持つ合計 240 m のケーブルと
して製作され運転試験が行われました [10]．また，BSCCO 線だけでな
く，REBCO 線や MgB_2 線など様々な種類の線材が使用されて国内外の
交流/直流の超電導ケーブルの実証プロジェクトが複数行われており，実
用化に向けて様々な技術的な知見が蓄積されています．2019 年には日本

の産業技術総合研究所において電動航空機の機内送電ケーブルとして直流
送電ケーブルが製作・検証が行われました [13]。

1.9.3 超電導回転機（モータ/発電機）

超電導線材から超電導コイルを作り，これをどのような機器に応用する
かを考えた際に，回転機へ応用するというコンセプトが示されたのは半世
紀近く前の 1976 年における国際会議でした [14]。当時はコイルに使用す
る安定した超電導線材の特性や，超電導巻線を格納・冷却するための真空
断熱容器の技術が確立されておらず，なかなか実現に至りませんでした。
しかし現在において真空断熱容器の生産技術確立や，高温超電導線材の登
場により様々な分野への応用を前提とした超電導回転機が数多く研究・製
作されるようになりました。では，以下で超電導回転機のメリットを考え
ましょう。

一般に回転機の出力 P [W] は，下記のように表されます。

$$P = T \times \frac{2\pi N_{rot}}{60} = \frac{\pi^2}{\sqrt{2}} \times k_w \times B_{max} \times A_S \times D^2 \times l_{eff} \times \frac{N_{rot}}{60} \quad (1.34)$$

ただし，T [Nm]:トルク，N_{rot} [rpm]: 回転数，k_w: 巻線係数，B_{max}
[T]: 磁束密度振幅，As [A/m]: 比電気装荷，D [m]: 電機子直径，l_{eff}
[m]: 有効長です。

一般に超電導回転機は，図 1.27 に示すような回転子部分の界磁巻線の
みを超電導化した「界磁超電導型」と界磁巻線及び電機子巻線の両方を超
電導化した「全超電導型」の 2 通りが存在します。回転子側の界磁とし
て，冷却温度によって銅線よりも数十～数百倍の電流密度を持つ超電導線
材や永久磁石以上の強磁界を発生可能なバルク超電導体を用いることに
よって，巻線重量の低減及び磁気回路を形成する為の鉄心（主にティース
部分）の使用量を低減できます。特に，B_{max} は固定子の電機子部分に界
磁が作る直流磁界の振幅ですが，通常の常電導機では鉄心の飽和磁束密度
や巻線体積等の限界により 1.0 T 程度に制限されています。しかし，超
電導回転機は高い線材電流密度により高磁界が発生可能かつ鉄心（主に
ティース部分）の使用量を低減可能で，B_{max} を通常の 2 倍以上にするこ
とも可能となります。また，As は電機子巻線における導体使用量に関連

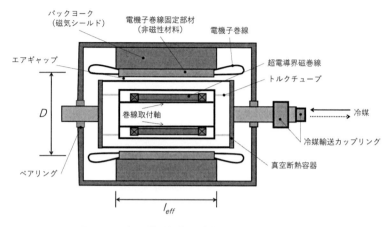

図 1.27　超電導回転機の構造例（界磁超電導構造）

し，常電導技術の場合は水冷の銅線等を使用しても約 120 kA/m 程度で
すが，超電導線材を電機子巻線として使用した際には，200-500 kA/m と
いった数値を採用することが可能です。

　よって超電導材料の使用により**同じ出力 P に対して B_{max} と A_s が通
常よりも大きく取れるので，結果として D と l_{eff} すなわち体積部分が
相対的に小さくなり**，回転機部分の軽量・コンパクト化が実現できます。
この特徴を生かしてこれまでに国家プロジェクトの SuperGM[15] をはじ
めとしたタービン発電機や風力発電機，船舶用モータ，トラックなどの大
型車両用モータさらには航空旅客機の推進システムの電動化に伴い，航空
旅客機の推進用モータ/発電機へ応用する研究が活発に行われています。

　その一方で，電機子巻線に超電導線材を採用する場合には，超電導体特
有の交流損失の低減を考慮した設計が求められます。また，図 1.27 の超
電導回転機構造が示すように，外部からの熱侵入を抑えつつトルクを伝達
するためのトルクチューブや超電導巻線を格納した低温容器（クライオス
タット）など超電導回転機特有の構成部品が数多く数存在するため，電気
機器学，低温工学，材料工学，機械工学等，複数の観点で設計を行ってい
く必要があります。

1.9.4　その他の応用

　上記に示した応用例以外にも医療用加速器用マグネット，核融合炉の磁場発生用コイル，超電導磁気エネルギー貯蔵装置（Superconducting Magnetic Energy Storage：SMES），超電導フライホイールエネルギー貯蔵装置，磁気軸受，汚水洗浄用磁気分離装置，アルミ誘導加熱用コイルはじめとして様々な電力・医療・産業応用装置の研究開発が行われていますので，是非本書を読んで興味を持たれた皆さんは是非色々と文献を調べてみてください。

これは余談ですが①　超電導と超伝導

　超電導業界の関係者の方々であれば，企業，教員，学生の方関係なく，「超電導と超伝導って2つあるのはなぜ？　違いはあるの？？」という質問をされたことがあるのではないでしょうか？　もしかするとこの本を読んでいる読者の方がこのことに関して疑問を持っているかもしれません。実際，著者も学生時代から現在にかけて，何度もこの質問をされたことがあります。

　私が以前に聞いた話では，**電気工学系の方々は「超電導」，物理系の分野の方々は「超伝導」をよく使用し，さらに研究プロジェクト等においても経済産業省系のプロジェクトは「超電導」で，文部科学省系のプロジェクトは「超伝導」の文言を使用している**と聞いたことがあり，私も同じように説明するようにしています。また実際に，私が過去に執筆した応用物理学会の web コラム（GX: グリーントランスフォーメーションに挑む応用物理　超伝導技術は大空へ―超伝導モータによる航空機推進系の電動化革命―）ではご覧の通り，「超伝導」を使用して執筆しました。つまり，学会が使用する漢字によって使い分けています。

　ただし，上記に関しては学会側から特に「超伝導にして欲しい」と言われたわけでは決してなく，著者が「雰囲気」で超伝導にしただけです。一般的に必ずしも「超電導」もしくは「超伝導」のいずれかでなければいけないという明確な決まりはなく，電気工学系の研究室でも「超伝導」を使用している研究室もあれば，その逆もあります。さらに学会や講演会で「ワレ，なに「電」使っとるんじゃい，ごるぁ！」のような調子で大学や研究者間で「仁義なき戦い」が起こることもありません（笑）。もちろん，報告書や論文を書く時はいずれかに統一して書いていますが，正直，どちらを使っても通じますし超電導業界の方々は（恐らく）気にしていません。ちなみに，著者の勤務する大崎研究室では「超電導」を使っていますので，この本も「超電導」で用語を統一しています。

超電導材料を用いた実験

　前章にて，超電導という分野の概要を紹介しました。本章では，実際に超電導体を使った実験には何が必要でどのように行っていくのか，また実験で得られたデータのどの部分に着目していけばよいのかについて，実際の希土類系銅酸化物超電導線材（以下，REBCO 線材）とバルク超電導体を使用した実験例を通して解説していきます。

2.1 超電導線材の I-V 特性実験

2.1.1 超電導線材の特性

　第 1 章にて示したように，超電導体には臨界電流や臨界温度といった臨界値が存在します。図 2.1 に示すように，例えば超電導線材に流す電流の値を増加させていくと徐々に抵抗が発生し，オームの法則 $E = \rho J$（ρ: 抵抗率，J：電流密度）によって徐々に電界 E が発生します。このような傾向を超電導体の「I-E 特性」もしくは「I-V 特性」と呼びます。ただし，超電導体の場合は ρ が非線形に変化していることに注意してください。この時，**超電導線材 1.0 cm 当たり 1.0μV の電圧が発生した場合の電流を臨界電流 I_C** と定義します。ここで，$E_C = 1.0\mu\mathrm{V/cm}$ を「基準電界」と呼称しますが，実際の測定では線材の二点間の距離は数 cm 程度離して端子電圧を測定しますので，例えば 5.0 cm 離した場合には 5.0 μV の電圧を発生した際の電流を臨界電流 I_C とします。

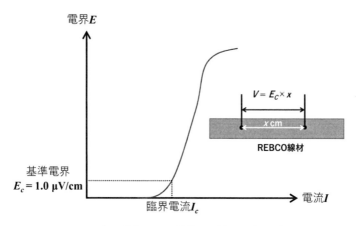

図 2.1　超電導体の I-E 特性と線材での測定の実際

2.1.2 REBCO 線材における臨界電流

　REBCO 線材等をメーカーから購入すると，図 2.2 に示すような超電導線材中を長手方向に細かい領域に区切って電圧を測り，各々の区域にお

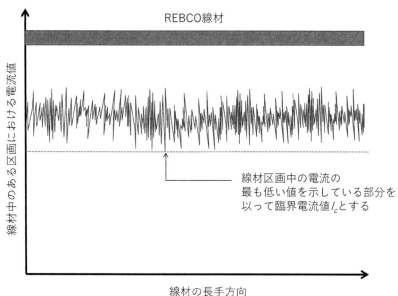

図 2.2　REBCO 線材における臨界電流 I_C の定義

ける電流を求めた結果がデータシートとして付いてくる場合があります。すなわち REBCO 線材中の電流の値は線材の長手方向に対してかなりばらつきがあります。このばらつきが数 A 程度の場合もありますし，場合によっては数十 A や 100 A 以上のばらつきがある場合も見られます。いずれにしても，購入した REBCO 線材中の電流の一番低い値（図 2.2 の点線部分に触れている部分）をこの購入した線材の臨界電流値 I_C としています。

2.1.3　実験手法及び REBCO 線材の取り扱い

　それでは前項で示した超電導体の I-E 特性を，実際の超電導線材を用いて測定してみましょう。測定法は色々な方法がありますが，図 2.3 に示すような実験系で測定を行ってみます。すなわち超電導線材上の二点間の電圧 V_1 をナノボルトメータで測定する手法です。このナノボルトメータは読んで字のごとく，ある端子間の電圧をナノボルト（$1\ \mathrm{nV} = 10^{-9}$

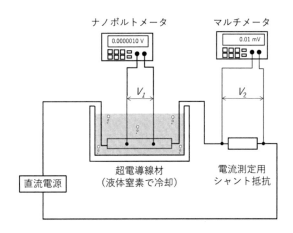

図 2.3　超電導線材の I-V 特性実験系

V）のスケールまで計測することが出来る高精度の電圧計です。また，通電電流はシャント抵抗の両端電圧 V_2 をマルチメータで読み取り，オームの法則から通電電流を算出しています。

表 2.1 に今回使用する REBCO 線材の諸元を示しました。米国の

表 2.1　REBCO 線材の諸元

メーカー	Superpower
型番	SCS4050
線材種類	REBCO
臨界電流	103.7 A
線材厚さ	≒ 0.1 mm
線材幅	4.0 mm

表 2.2　計測機器類の諸元

機器	品番
直流電源	KIKUSUI PAD16-100L
ナノボルトメータ	KEITHLEY 2182A
マルチメータ	KEITHLEY 2000
シャント抵抗	東京精電 TS25-200

※ 一部の機器は、現在販売していない可能性があります。

Superpower 社から購入した SCS4050 で，線材幅 4.0 mm かつ厚さは約 0.1 mm，臨界電流 I_C は液体窒素冷却温度 77 K で 103 A 以上の一般的な超電導線材です。また，使用する計測機器類を表 2.2 にまとめました。今回の REBCO 線材は 103.7 A の I_C を持っていますので，この値以上の電流を通電可能なように 200 A まで通電可能な電源を用意しました。本機は単機当たり 100 A の通電が可能で，今回はこれらをマスター・スレーブ方式で連結して 200 A 出力が可能な状態で使用します。

　測定機器を準備する一方で，REBCO 線材の取り扱いや端子線のはんだ付け等に関して紹介しておきます。一般的に REBCO 線材は，金属基板の上に超電導薄膜を含め数 μm の金属薄膜を何層にも積層させたテープ線材です。**よって，素手で無理に曲げたりするとすぐに線材の持つ I_C が低下し，諸元通りの特性が出なくなってしまうので，扱う際には丁寧に扱うように心がけてください。**

　さて図 2.4 に示すように，REBCO 線材に電流を流してそこで発生する電圧を測定するためには，REBCO 線材端部と常電導端子部分の接続を慎重に行う必要があります。単純に見える作業ではありますが，この部分は超電導線材の実験全般においてかなり重要なので，注意してください。

　まず，REBCO 線材端部と常電導端子部分の接続に関して紹介します。一般に，超電導線材を用いた機器を使用する際には，超電導部分と常電導部分の接続部分が存在します。この部分はいわば境界線です。いま，図 2.4 (a) に示すように，銅端子と超電導線材を直接はんだ付けして電流

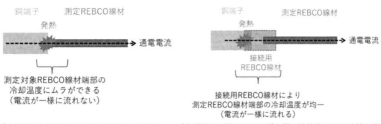

(a) 銅端子と測定REBCO線を直接はんだ付け

測定対象REBCO線材端部の
冷却温度にムラができる
（電流が一様に流れない）

(b) 銅端子と測定REBCO線の間に接続用のREBCO線を使用

接続用REBCO線材により
測定REBCO線材端部の冷却温度が均一
（電流が一様に流れる）

図 2.4　銅端子と REBCO 線材の接続部分の発熱対策

を通電する場合を考えてみましょう。前提として，これらが極低温の冷媒に完全に漬かっていると仮定します。銅端子（常電導部分）では，通電電流の二乗に比例した発熱（ジュール熱）が発生しますが，この時に超電導線材との接続部分周辺で温度分布にムラができてしまいます。このようにムラができてしまうと，通電電流が超電導線材内に一様に流れなくなってしまい，正確な特性を測ることが出来ません。最悪の場合，I_C 付近まで電流を流した際に，温度が高い部分（ホットスポット）から一気にクエンチして抵抗が発生し，測定 REBCO 線材が焼損する可能性もあります。

　上記を防ぐために，図 2.4 (b) に示すように銅端子と測定 REBCO 線との間に**測定用の線材よりも幅が広い，接続用の REBCO 線材**を挿入します。これにより，銅端子の発熱は測定 REBCO 線材側に影響することなく，電流が一様に流れることになります。

　以上により，REBCO 線材の端子への固定例を図 2.5 に示します。今回使用する REBCO 線材は **30 cm 程度を使用**し，特性が劣化しない程度にカーブを持たせて銅端子に固定します。図 2.5 (b) に示すように，測定 REBCO 線材と銅端子の間には接続用の超電導電流リードとして，測定用（4 mm）よりも幅が広い 12 mm の REBCO 線材を使用し，片側を銅端子にはんだ付けします。さらに測定用 REBCO 線材と接続 REBCO 線材はお互いに 3 cm ほど予備はんだを塗り，重ねて接続します。このようにすることで，測定 REBCO 線材側への熱侵入を抑え，一様に電流が流れるようにします。

　一方で，電圧測定端子線用のリード線を測定 REBCO 線材へはんだづ

けしたものが図 2.6 になります。2.1.1 に示したように，線材中の二点間
距離 1.0 cm で 1.0 μV の電圧が発生した時の電流値が臨界電流 I_C という
定義があります。今回はある程度余裕を見て約 5 cm 離して端子線を接続
しています。すなわち，今回の測定系では図 2.3 のナノボルトメータにおい
いて 5.0μV の電圧を発生した場合の電流を臨界電流 I_C とみなすことにな
ります。

　以上の手順で準備した測定用 REBCO 線材を発泡スチロール容器の中
に配置し，REBCO 線材全体を液体窒素（77 K）で冷却した状態で電流
を通電し，測定します。

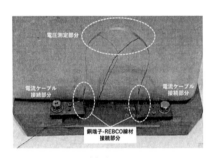

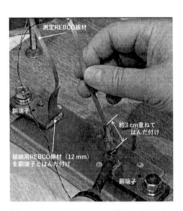

(a) 全体　　　　　　　　　　　(b) 銅端子と測定REBCO線材の接続部分

図 2.5　測定 REBCO 線材の固定例

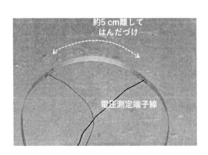

図 2.6　線材における電圧測定端子のはんだ付け例

2.1.4　$I\text{-}V$ 特性の測定系

　図 2.7 に実際に構築した測定系を示します。直流電源は前述のように 3段の内，上 2 段分を使用します。横には液体窒素で 77 K に冷却された測定用 REBCO 線材と電流測定用のシャント抵抗が電流源と直列につながっています。そして超電導線材中に 5 cm 間隔を開けた電圧測定用端子及びシャント抵抗の両端から伸びた電圧測定用端子がそれぞれナノボルトメータとマルチメータに接続されています。図 2.8 (a) に示すように，ナノボルトメータは小数点以下の非常に微小な電圧を精度良く測定することができます。これにより今回は 5μV となるポイントを測定するため，図 2.8 (a) 中の後ろから 2 番目の桁すなわち 10^{-6}V の部分が 5 を示した時のマルチメータ（図 2.8 (b)）の電圧読み値を電流値に変換したものがI_C であるといえます。今回このマルチメータに入力する電圧測定に使用するシャント抵抗は，200 A の電流が流れた際に 50 mV の電圧が発生するように精度良く作られた抵抗です。いま，オームの法則を使用すれば，他の電流値 I が流れた時の電圧 V は

$$I = \frac{200}{50} \times V \tag{2.1}$$

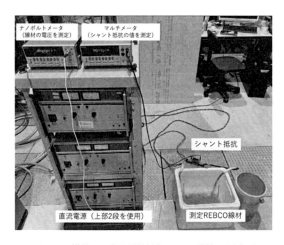

図 2.7　構築した超電導線材の $I\text{-}V$ 特性の測定系

(a) ナノボルトメータ

(b) マルチメータ

図 2.8　ナノボルトメータとマルチメータの着目点

と求められますので，マルチメータの測定電圧値 V（mV）を式 (2.1) の右辺へ代入することで，超電導線材に流れている電流値を求めることができます。

　超電導線材は急激な電流変化があるとクエンチすることがあるため，直流電源のつまみをゆっくり回して通電電流を増加させていき，その時のナノボルトメータとマルチメータの表示値を記録していきます（スイープレートの調整できる電源の場合は，自動で電流上昇が行えます）。あらかじめ使用する線材のスペックから I_C の値はおおよそ分かっていますので，その周辺では細かく，それ以外の場所では傾向が分かる程度に電流値の増加レンジを広げつつ測定を行っていきます。

2.1.5　REBCO 線材の *I-V* 特性の測定結果

　前項で構築した測定系を用いて REBCO 線材の *I-V* 特性を測定した際の，ナノボルトメータとマルチメータの表示値を図 2.9 に示します。写真はちょうど電流を少しずつ増加させていった際の，I_C に到達した時点での読み値を示しています。すなわち測定 REBCO 線材の端子間電圧が 5 μV を示した時のシャント抵抗両端の電圧値は 27.0679 mV を示していますので，式 (2.1) へ代入してこの時の電流値すなわち臨界電流 I_C の値を求めると，

$$\frac{200}{50} \times 27.0679 = 108.2716 \fallingdotseq 108.3 \mathrm{A} \tag{2.2}$$

と求まりました。

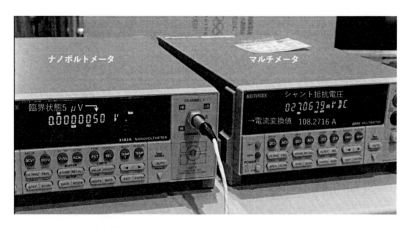

図 2.9 臨界状態におけるナノボルトメータとマルチメータの読み値

　メーカーのデータシート表示の線材スペックが 77 K かつ外部磁界が
ゼロの状態にて $I_C = 103.7$ A でしたので，今回の測定結果の方が 4.6 A
ほど大きくなっています。本章の冒頭で示した図 2.2 を見ても，I_C に対
して 4% 程度上回った値を示す部分は超電導線材内において多く存在す
ると考えられますので，ある程度妥当な結果であると考えられます。ま
た，図 2.10 に今回の REBCO 線材の $I\text{-}V$ 特性の測定結果をまとめまし
た。すなわち 77 K に冷却された REBCO 超電導線材の通電電流の増加
に伴う電圧特性の典型的な曲線が観測出来ていることが分かります。

　続いて第 3 章で述べますが，その先取りとして図 2.10 (a) の $I\text{-}V$ 特性

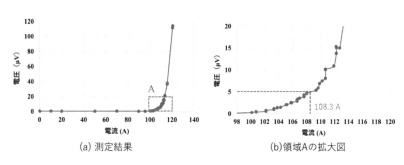

(a) 測定結果　　　　　　　　(b)領域Aの拡大図

図 2.10 REBCO 線材の $I\text{-}V$ 特性測定結果

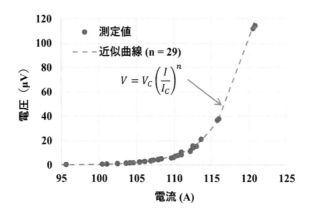

図 2.11　$I\text{-}V$ 特性の特性値と n 値のフィッティングカーブの関係

において，電圧がどのくらい急峻に立ち上がっているかの指標を示す，「n 値」を求めてみましょう。これは下記の式を使用します。

$$V = V_C \left(\frac{I}{I_C} \right)^n \tag{2.3}$$

ただし，測定結果より $V_C = 5.0\ \mu\mathrm{V}$, $I_C = 108.3\ \mathrm{A}$ となります。これらを用いてフィッティングしたカーブが図 2.11 になります。この時，$n = 29$ となりましたが，REBCO 線材としては一般的な値ではないかと考えられます。

今回の測定法はよくあるシンプルな方法でしたが，超電導線材の $I\text{-}V$ 特性は様々な方法で測定されていますので，他にも是非文献等で調べてみてください。

2.2　バルク超電導体の着磁実験

2.2.1　バルク超電導体の着磁法

前項にて REBCO 線材の $I\text{-}V$ 特性に関しての実験を行いましたが，今度はバルク超電導体（以下，バルク）を用いての着磁実験を行っていきましょう。ここでいう着磁とは「超電導体に外部から磁界を与えて超電導体

を磁化する」，さらにざっくり言えば，**超電導体を磁石にする**ということ
を意味します。これらの方法として，

- 磁界中冷却着磁法（FCM：Field Cooled Magnetization）
- ゼロ磁界中冷却着磁法（ZFCM：Zero Field Cooled Magnetization）
- パルス着磁法（PFM：Pulsed Field Magnetization）

の三種類があります。FCM は後述しますが，超電導マグネット等で発生
させた磁界中にバルク超電導体を配置し，冷媒等で冷却した後に発生磁界
を取り去ることでバルクを着磁する方法です。二番目の ZFCM は上記の
FCM と異なり，まずバルクを先に何らかの方法で冷却しておきバルクが
超電導状態になった状態で外部磁界を発生させ，バルクを着磁する方法で
す。最後の PFM は上記の ZFCM において外部磁界でパルス磁場を発生
させてバルクを着磁する方法です。以下の実験ではバルクを FCM により
着磁していきます。

　まず，今回の実験で使用するバルクの外観（図 2.12）及び諸元（表 2.3）
を下記に示します。本バルクは，希土類元素の一種であるガドリニウム
（Gd）を使用した希土類系銅酸化物超電導体の円柱型バルク（直径 46
mm× 厚さ 10 mm）です。

表 2.3　直径 46 mm Gd 系バルクの諸元

材質	Gd-Ba-Cu-O
形状	円柱形
直径	46 mm
厚さ	10 mm
重さ	107 g

図 2.12　直径 46 mm バルクの外観

2.2.2　実験系の概要

　図 2.13 に今回のバルクの着磁実験における実験系を示します。本書では磁束密度の 3 次元空間分布の測定が可能なアクチュエータによる実験系を用いました。すなわち着磁されたバルクの空間磁束密度分布データは，3 次元アクチュエータに接続されたホールセンサによって計測され，アンプによって増幅された後に，AD コンバータを介してディジタル信号に変換されてパソコン（PC）内に格納されます。また，本 PC はホールセンサを 3 次元スキャンするためのアクチュエータを制御する役割も担っています。

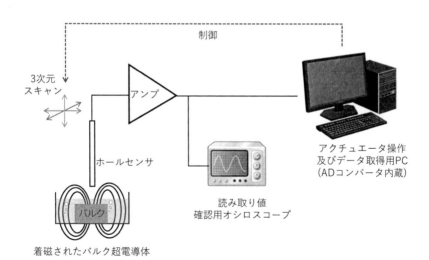

図 2.13　着磁されたバルクの測定系概念図

　今度はバルクを着磁する装置に話を移しましょう。表 2.5 及び図 2.14 に今回用いる超電導マグネットの基本概要及び構成を示します。本実験で使用する超電導マグネットは，NbTi（ニオブチタン）線を用いた無冷媒式の超電導マグネットで，1996 年に納入されたものです。すなわち 4 K-GM（ギフォード・マクマホン）冷凍機を用いた伝導冷却を行っています。図 2.14 (a) に示すように，伝導冷却とは，液体ヘリウムや液体窒素などの冷却を用いることなく，冷凍機と超電導コイル本体を熱伝導性の高い材料を介して接触させ，熱伝導により冷却を行う方式です。冷凍機で極低温を得るためにヘリウムガスを用いており，図 2.14 (b) の右側に設置された空冷コンプレッサによりヘリウムガスの圧縮を行って冷凍機へ供給し，超電導マグネットを冷却した後に再びコンプレッサに戻ってきたヘリウムガスを圧縮して供給というサイクルを繰り返しています。ちなみに，このコンプレッサの圧縮音は超電導を扱う研究室特有のものです。本超電導コイルは 5 K（-268 ℃）程度まで冷却する必要がありますが，大気圧中でこの温度を達成することは難しいため，真空引きされた容器内に格納され，外部からの熱侵入を極力遮断した状態の中で冷却を行っています。

　表 2.4 にあるように，本マグネットで発生可能な最大磁束密度は，コイル内の空間（ボア）の中心で 5.0 T です。大崎研究室が保有する永久磁石の 1 つが表面磁束密度 0.4 T 程度であることを考えると，実に 12.5 倍もの大きさになります。また，この超電導マグネットの電源・コントロールパネルは図 2.13 (b) の左側の筐体のものです。このパネルには超電導マ

表 2.4　超電導マグネットの基本概要

超電導線材	NbTi（ニオブチタン）線
冷却方式	4 K-GM冷凍機による伝導冷却
最大発生磁束密度	コイル中心にて5.0 T
ボア直径	300 mm
コイル軸方向長さ	780 mm

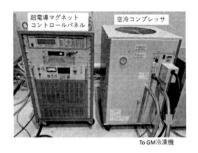

(a) 超電導マグネット本体（コイル部分）　(b) 電源・コントロールパネル及び冷凍機用コンプレッサ

図 2.14　超電導マグネットの構成

グネット中に取り付けられた温度センサのモニタが搭載されており，さらに所望の磁束密度を発生させるために超電導マグネットに通電する電流を設定することが可能です。

2.2.3　実際に構築した測定系と実験の流れ

　超電導マグネットのボア内にて冷却・着磁されたバルクの空間磁束密度分布の測定系を図 2.15 及び図 2.16 に示しました。図 2.15 に示すように，3 つのリニア・アクチュエータを組み合わせて xyz の三次元方向スキャンを可能にしており，その中の z 方向（高さ方向）の走査が可能なアクチュエータにホールセンサが取り付けられています。表 2.5 に示すように，このホールセンサは 4 K〜373 K (-269 ℃〜＋100 ℃) という幅広い温度範囲にて使用可能な素子であり，磁束密度も 0〜±15 T の範囲まで測定可能です。

　上記のアクチュエータ群を駆動するための電源装置等を図 2.16 に示します。既に図 2.13 で示したように，測定系にはセンサ群を駆動する電源や信号増幅を行うアンプ，測定した信号（アナログ）をディジタル変換するための AD コンバータ等が必要となります。さらに，ホールセンサの信号が適切な値（電圧値）であるかを確認するオシロスコープが接続されています。実際の測定では，着磁されたバルクを容器ごとアクチュエータ

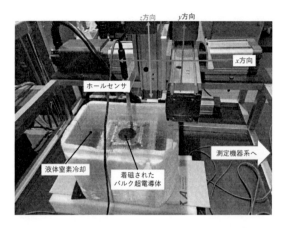

図 2.15　三次元アクチュエータと測定対象バルクの位置関係

図 2.16　三次元アクチュエータ及びホールセンサの駆動電源群

システムの下へ持ってきて，操作 PC 上からホールセンサの走査範囲を指定して測定を行っていきます。

　このホールセンサですが，図 2.17 に示すように**ホールセンサ本体のアクティブエリアは，凸状カバーの最低部から 0.86 mm ほど奥まったところに埋め込まれています [16]**。よって磁束密度分布を測定する際には，バルク表面とセンサカバー底部の距離 z に加えてセンサからアクティブエリアまでの距離も併せて考慮する必要があります。

表 2.5　実験に使用したホールセンサの基本仕様

型番	BHA-921
測定範囲	$0 \sim \pm 15$ T
使用温度範囲	4 K $\sim$ 373 K (-269 ℃ $\sim$ +100 ℃)
使用素子	InAsホール素子

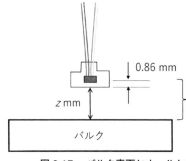

バルクとホールセンサのアクティブエリア
の距離: $z + 0.86$ mm

0.86 mm

z mm

バルク

図 2.17　バルク表面とホールセンサのアクティブエリアとの実際の距離

以上を踏まえて，下記の手順で実験を行っていきます。

1. バルクを超電導マグネットのボア内の中心に来るように設置
   【補足】
   この時，中心に少しでも近づけておかないと，バルクにかかる超電導
   マグネットの外部磁界が一様ではなくなり，電磁力が働いてバルクが
   動いてしまいます。バルク自身も非磁性のホルダーにしっかりと固定
   した上でボア内に設置する必要があります。

2. 超電導マグネットを**ボア中心発生磁界 0.5 T/1.0 T** に設定して通電を
   開始（図 2.18 の (1)）

3. 外部磁界発生後，バルクを入れた容器に液体窒素を注ぎ入れて冷却す
   る（図 2.18 の (2)）
   【補足】
   バルクが急な温度変化で割れることを防ぐため，液体窒素内に浸漬し
   て冷却する前に，液体窒素が蒸発したガスなどで予冷を行うようにし

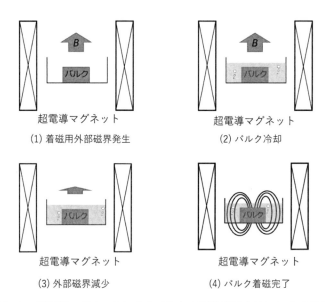

超電導マグネット

(1) 着磁用外部磁界発生

超電導マグネット

(2) バルク冷却

超電導マグネット

(3) 外部磁界減少

超電導マグネット

(4) バルク着磁完了

図 2.18　**超電導マグネットによるバルクの着磁手順（FCM による着磁の場合）**

てください。その後，バルクが完全に浸るくらいまで液体窒素中を容器内に満たす際に，しばらくは沸騰したお湯のように泡がブクブクと発生します。しかし次第に容器内のバルク固定治具やバルクが 77 K に近くなってくると泡立ちがなくなり，凪のような状態になるので，その状態になるまで待ちましょう。

4. 超電導マグネットを消磁（図 2.18 の (3)）

【補足】

超電導マグネットを消磁する速度によりバルクの着磁強さは変わってきます。**消磁速度が遅いほどバルクに着磁される磁束密度のピーク値は高くなります。**逆に，消磁速度が速ければ相対的にバルクへ着磁される磁束密度のピーク値は低くなっていきます。

5. 超電導マグネットを完全に消磁後（図 2.18 の (4)），着磁されたバルクの入った容器を三次元アクチュエータへ持って行き，バルクの直上 1.36 mm（= 0.5 mm + 0.86 mm）及び 1.86 mm（=1.0 mm + 0.86

mm）の磁束密度分布を測定

【補足】

ホールセンサは極低温冷媒温度中で使用可能なものを選定して使用することをおすすめします。また，実験はじめは室温であるホールセンサを液体窒素中に漬けて 10 分程度待ち，**ホールセンサ自体が周囲と同じ極低温温度になってから**測定を始めるようにしてください。

2.2.4　実験結果

(1) バルク超電導体の磁束密度分布

図 2.19 に外部磁界 0.5 T で着磁を行った場合，図 2.20 に外部磁界 1.0 T で着磁を行った場合のバルクの磁束密度分布をそれぞれ示しました。本実験ではバルク表面から 1.36 mm 及び 1.86 mm 直上における磁束密度分布をホールセンサにて測定しているわけですが，いずれの場合においても円錐状の磁束密度分布が得られることが分かります。しかし，外部磁界の

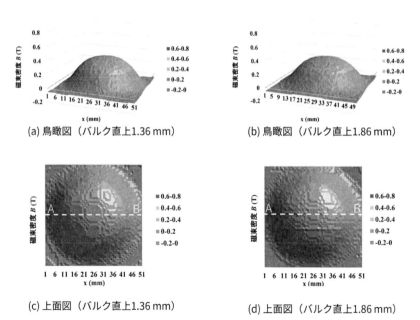

(a) 鳥瞰図（バルク直上1.36 mm）　　(b) 鳥瞰図（バルク直上1.86 mm）

(c) 上面図（バルク直上1.36 mm）　　(d) 上面図（バルク直上1.86 mm）

図 2.19　外部磁界 0.5 T で着磁されたバルクの磁束密度分布

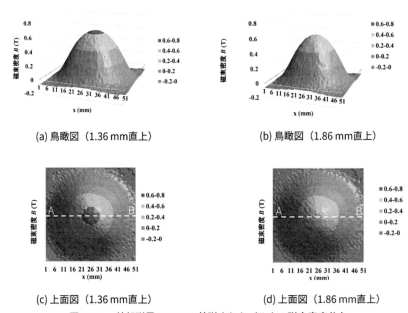

(a) 鳥瞰図（1.36 mm 直上）　　　　　　(b) 鳥瞰図（1.86 mm 直上）

(c) 上面図（1.36 mm 直上）　　　　　　(d) 上面図（1.86 mm 直上）

図 2.20　外部磁界 1.0 T で着磁されたバルクの磁束密度分布

強さによりバルクに着磁された磁束密度の大きさやその分布には違いが
あることが明確です。すなわち，図 2.19 (a) 及び (b) に示す外部磁界 0.5
T の場合の磁束密度分布は外部磁界 1.0 T（図 2.20 (a) 及び (b)）と比較
して少し山の頂上がフラットな分布をしており，着磁された磁束密度も
0.2-0.4 T 程度の範囲であることが分かります。その一方で，図 2.19 (a)
および (b) の磁束密度分布はより急峻な形をしていて，バルク直上 1.36
mm で測定した場合には 0.6-0.8 T の範囲と 3-4 倍高いことが分かります。

今度は図 2.19 と図 2.20 の (c) および (d) に示すように，磁束密度分布
の真ん中を横断する直線 A-B における磁束密度の断面図（図 2.21）を見
てみましょう。まずバルク直上 1.36 mm の磁束密度分布の断面図です。
外部磁界 0.5 T の場合には，着磁された最大磁束密度が約 0.35 T である
ことが分かります。外部磁界 0.5 T に対して 70% 程度の磁束密度が捕捉
されていますね。この値は，ネオジム永久磁石の表面磁束密度（約 0.4 T）
より若干小さな値であることが分かります。

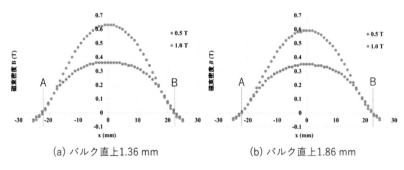

(a) バルク直上1.36 mm   (b) バルク直上1.86 mm

図 2.21　着磁されたバルク超電導体の断面図

　その一方で，外部磁界が 1.0 T の場合はどうでしょうか？　バルク表面から 1.36 mm の場合のピーク磁束密度は 0.63 T，1.86 mm の場合のピーク磁束密度は 0.59 T と測定されました。つまり，外部磁界 1.0 T に対して，着磁されたバルクの直上ではおよそ 60 ％ くらいの磁束密度分布が得られることになります。

これは余談ですが②　研究者の口癖

　以前に研究室の飲み会で秘書さんから指摘されたことなのですが，我々研究者が多用する一方で，他の人達があまり使わないような表現や言い回しの 1 つが，「○○について**議論する**」というフレーズとのことでした。確かに普通の会話では「○○ について話し合う」という言い方をすることが多く，議論（discussion）というのはあまり使わない表現かもしれません。普段学会や研究室等で研究に関して「議論」している事の弊害でしょうか（笑）。

　このような特有の表現は大学の先生方や企業のエンジニアの方々と話をしていてもよくあります。例えば，制御工学分野の先生方で「学生さんには社会に出て色々な**外乱に対してロバスト**であってほしい」という言い方をされた方は何名かいらっしゃいましたし，とある先生は「今回の議論を**最適化する**には…」や「皆さんの予定の **AND を取ると**…」などのように，言葉の中に技術的な業界用語が混じることが多々あります。

　ちなみに著者の勤務する研究室では，学生達が飲み会をしている時に飲みすぎて酔いつぶれたり，"リバース" したりした学生に対して，超電導用語の「クエンチ（何らかの擾乱により超電導体が超電導状態に復帰できなくなる現象）」という表現を用いて，「○○ くん，飲みすぎて**クエンチ**した！」という会話をしていることがありました…お酒は自身の飲める量と節度を守って飲みましょう。

　このように，身を置いている研究分野の用語が，自身の話す言葉の中に自然に入るようになったら，あなたも立派な「業界人」です（笑）。

第3章

超電導電磁現象の
モデル化

　これまで，超電導の概要（第1章）と超電導に
関する2つの実験（第2章）に関して紹介をして
きました。本章では，次の第4章〜第6章におい
て数値解析を行うための準備として「超電導電磁
現象のモデル化」に関して学んでいきます。

3.1　物理現象のモデル化

　よく聞く「モデル」という言葉ですが，「○○の数理モデル」といった理系にとって馴染みのある（？）表現から，「○○のビジネスモデル」という言葉まで，参考書からテレビに至るまで注意してみれば日常の様々な場所で目にします。そもそも「モデル化する」というのは何をする事なのでしょうか？　色々な解釈があるかと思いますが，科学の世界においての著者なりの大雑把な解釈としては，**「ある現象を分析するため，図や数式（微分方程式）に落とし込んで分析しやすくする」**といったところでしょうか。図 3.1 に示すように，電力システム，ある都市の人口増加といった

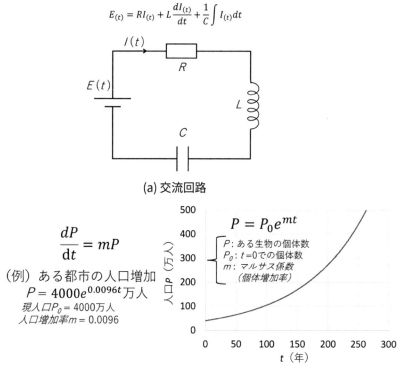

$$E_{(t)} = RI_{(t)} + L\frac{dI_{(t)}}{dt} + \frac{1}{C}\int I_{(t)}dt$$

(a) 交流回路

$$\frac{dP}{dt} = mP$$

（例）ある都市の人口増加
$$P = 4000e^{0.0096t}\text{万人}$$
現人口P_0 = 4000万人
人口増加率m = 0.0096

$$P = P_0 e^{mt}$$

P：ある生物の個体数
P_0：t =0での個体数
m：マルサス係数
　　（個体増加率）

縦軸：人口 P（万人）
横軸：t（年）

(b) 生物個体数の増加（マルサスモデル）

図 3.1　物理現象のモデル化の一例

現象を数式や回路図という「共通言語」を用いて解析するためにモデル化は行われます。解析対象の現象をより詳細に解析しようとすればするほど，モデルとなる図や微分方程式は複雑になり，計算機（コンピュータ）による数値解析が必要となります。

3.2 超電導現象の非線形性

図 3.2 に，第 2 章の実験で取得した超電導線材（第 2 種超電導体）の I-V 特性を示しました。改めてこのグラフを見直してみると，

- 電圧ゼロ（直流抵抗ゼロ）の領域が存在する
- 臨界電流 I_C の前後で電圧値は急峻で非線形な変化をしている

という 2 点が挙げられます。この 2 つが意味することは，下記に示す**従来のオームの法則や抵抗の温度依存性の式が使えない**ということを意味しています。

$$V = R \times I \tag{3.1}$$

式 (3.1) からオームの法則は抵抗値が一定であり，電流と電圧の変化を直線状（線形）に書き表すことができましたが，図 3.2 ではそれが出来ま

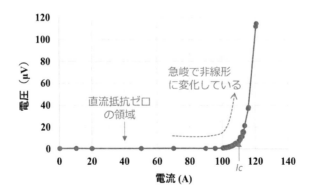

図 3.2　第 2 種超電導体の I-V 特性（第 2 章で測定したもの）

せん。つまり，図3.2の現象を数式で書き表すには，常電導金属における
オームの法則の代わりになる新しい数式が必要になるということを示して
います。それでは以下においてこの超電導体がどのようにモデル化される
のかを見ていきましょう。

3.3　超電導臨界状態モデル

3.3.1　臨界状態の数式表現

図3.3 (a) に第2種超電導体の概念図を示しました。これは第1章でも
紹介しましたが，ある強さ B [T] の磁束密度が発生している空間内に配置
された超電導体に電流密度 J [A/m^2] の電流が流れている時における，超
電導部分と常電導部分が混在した，いわば「混合状態」を示しています。
そのため，超電導体中における常電導部分に磁束の渦糸が貫いています。

上記を踏まえて，渦糸1本1本の挙動を考えることなく，ある程度の
「渦糸群」として捉えてマクロな状態で電磁現象を考えてみましょう。
いま，図3.3 (b) に示すように渦糸群が速度 $\vec{v}$ [m/s] で運動している時，
ローレンツ力 F_L[N]，ピン止め力 F_P[N] および粘性力 F_V[N] の3つの力
が釣り合っています。

ここで，渦糸群の速度 $\vec{v}$ が一定の時，渦糸群における力のつり合いは，

$$\vec{F_L} + \vec{F_P} + \vec{F_V} = 0 \tag{3.2}$$

と表され，3つの力はそれぞれ磁束密度 $\vec{B}$ [T] および電流密度 $\vec{J}$ [A/m^2]

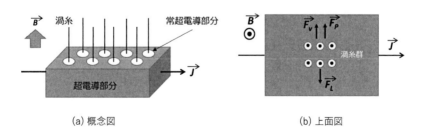

(a) 概念図　　　　　　　　　　　(b) 上面図

図 3.3　第 2 種超電導体の概念図

を用いて

$$\vec{F_L} = \vec{J} \times \vec{B} \tag{3.3}$$

$$\vec{F_P} = -J_C B \frac{\vec{v}}{|\vec{v}|} \tag{3.4}$$

$$\vec{F_V} = -\eta \frac{\left|\vec{B}\right|}{\varnothing_0} \vec{v} \tag{3.5}$$

ここで

$$\eta = \frac{\varnothing_0 B}{\rho_f} \tag{3.6}$$

と表されます。ただし，$\varnothing_0[\mathrm{Wb}]$ および $\rho_f[\Omega\mathrm{m}]$ はそれぞれ磁束量子および磁束フロー抵抗率です。故に，渦糸が運動していない場合を考えると，図 3.4 のように F_L と F_P の間だけの力のつり合いになりますので，式 (3.2) は

$$\vec{F_L} + \vec{F_P} = 0 \tag{3.7}$$

となります。これを**臨界状態モデル**と呼びます。このピン止め力とローレンツ力のつり合いの関係は、超電導体中の電流や外部磁場を変化させた場合にはつり合いの関係が崩れ、再び磁束量子が超電導体中を移動して別の場所でつり合い状態になります。この時の**電流や磁場の変化する速度が非常に小さいと仮定すれば、上記の2つの力は「常につり合った状態」**であると考えることが出来ます。

そして，この時のピン止め力は式 (3.7) から

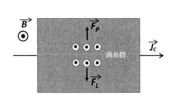
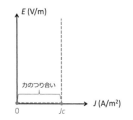

(a) 臨界状態における力のつり合い（第2種超電導体）　　(b) $E-J$ 特性

図 3.4　超電導体の臨界状態におけるイメージ

$$\vec{F_P} = -\vec{F_L} \tag{3.7}'$$

となり，式 (3.3) を代入して

$$\vec{F_P} = -\vec{F_L} = -\vec{J} \times \vec{B} \tag{3.8}$$

となります。そしてこの時の電流密度 $\vec{J}$ を

$$J = J_C \tag{3.9}$$

と定義した場合の $J_C[\mathrm{A/m^2}]$ が臨界電流密度になります。第 1 章で，この J_C は超電導状態を保つことの出来る境界値の 1 つであるという話をしましたが，ミクロな視点で見るとこのように磁束量子を動かしたいローレンツ力と，磁束量子をその場に留めようとするピン止め力の**「力のつり合い状態」における電流密度の値**という視点で見ることが出来ます。すなわちこの臨界状態モデルは，図 3.4 (a) に示すように F_L と F_p の準静的な平衡下で成立するマクロな超電導モデルとして示されます。

　では，これを数式化してみましょう。ポイントとなるのは，**ローレンツ力 F_L とピン止め力 F_p が釣り合う限界まで電流を流せる**ということであり，言い換えれば，この時に図 3.4 (b) 超電導体内の電界 E が発生しているか（$E \neq 0$），発生していないか（$E = 0$）という 2 つの状態のみが議論されているということとなり，下記のように表されます。

$$\vec{J} = Jc\left(\left|\vec{B}\right|\right) \frac{\vec{E}}{\left|\vec{E}\right|} \qquad \text{If } \left|\vec{E}\right| \neq 0 \tag{3.10}$$

$$\frac{\partial \vec{J}}{\partial t} = 0 \qquad \text{If } \left|\vec{E}\right| = 0 \tag{3.11}$$

　図 3.4 (b) と比較してみると，式 (3.10) に当たる部分が，電流密度 J $[\mathrm{A/m^2}]$ を表す横軸に対して垂直な点線を示しています。また，式 (3.11) に示すような，$E = 0$ の領域においては電流密度の変化は一切ないので，J の時間微分はゼロであることが分かります。以上をふまえると，**超電導臨界状態モデルにおいて電流密度 J は，0 もしくは $\pm J_C$ の 3 通りを取る**ことになります。

3.3.2 臨界電流密度 J_C の磁束密度 B 依存性の表現

さて，前項の式 (3.11) にて示した J_C をよく見てみると，$Jc(|\vec{B}|)$ とあるように，磁束密度 B [T] に関しての依存性があることが分かります。これは超電導状態が電流密度 J [A/m^2]- 磁束密度 B [T]- 温度 T [K] の 3 つのバランス関係で成り立っていることを考えても当然のことです。では，この B の依存性をどのように表すのでしょうか？　本項ではこの臨界電流密度 J_C の磁束密度 B に対する依存性の表現に関していくつか紹介していきます。

まず初めに示すのは，「ビーンモデル」と言われるモデルです [17]。これは**超電導体にどのような外部磁束密度 B が印加されても，J_c は常に一定である**という，ある意味非常に簡便な表現方法です（式 (3.12)）。

$$J_C\left(\left|\vec{B}\right|\right) = Jc \tag{3.12}$$

しかし，このモデルにより超電導体の特徴が比較的よく近似できるということで，超電導体の着磁特性等の解析計算によく用いられているモデルです。

上記のビーンモデルに対して磁束密度の依存性を考慮して一般化したのが式 (3.13) および式 (3.14) に示すキムモデル [18] および，入江-山藤モデル [19] です。

$$J_C\left(\left|\vec{B}\right|\right) = J_{C0}\frac{B_0}{B + B_0} \tag{3.13}$$

$$J_C(B) = \alpha B^{\gamma-1} \tag{3.14}$$

上記において J_{C0}, B_0, α, γ は実測値から得られるフィッティングパラメータを表しています。また式 (3.14) において γ の値を 1 とすると，右辺は定数となるために式 (3.12) におけるビーンモデルと同様に記述されることになります。すなわち，ビーンモデルは上記に示すような一般的な臨界状態モデルの特殊形と言えることが分かります。

しかし注意すべきなのは，**臨界状態モデルというのはあくまで超電導体中における渦糸群が F_L と F_p によって釣り合った静的な状態でのみ使用できるモデルであって，この釣り合いの関係が崩れた過渡的な状態で使用**

することは**出来ない**ということです。

　この状態を記述するためには，次節に示す n 値モデル等を使用する必要があります。

3.4　n 値モデル

　超電導体の静的な状態における解析モデルが臨界状態モデルであるのに対して，過渡的な超電導体の変化を解析したい場合には別の解析モデルを用いる必要があります。なぜなら実際の超電導体は図 3.2 に示したようにゼロ抵抗状態と抵抗発生状態の境目において，$E-J$ 特性の変化が連続的かつ急峻であるためです。このようなケースで用いられるのが，第 2 章でも少し触れた，式 (3.15) のように $E-J$ の関係をべき乗関数で表す「n 値モデル」です。

$$E = E_C \left(\frac{J}{J_C} \right)^n \tag{3.15}$$

ここで，E_c は第 2 章で示した基準電界（$= 1.0$ μV/cm）であり，n は図 3.5 に示すように臨界電流値 J_C を超えた後の曲線の立ち上がりがどのくらい急であるかを示す指標すなわち n 値です。この値は金属超電導体（NbTi, Nb$_3$Sn, etc. $\cdots$）では $n = 20$〜60 程度の値を取りますが，酸化物超電導体の場合は条件により $n = 10$ 以下となる場合もあります。また，

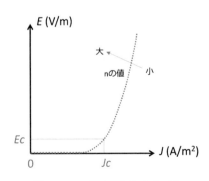

図 3.5　n 値モデルのイメージ

この n 値を無限にしたものは臨界電流密度 J_C から電界 E の軸に平行に立ち上がる直線になるので，ビーンモデルと等価となります。

3.5　超電導モデルによる超電導体内の磁束密度分布と電流密度分布の考察

3.5.1　スラブモデルの導入とビーンモデルによる内部磁束密度分布

　本節では，前節で学んだ超電導モデルを使って，実際に超電導体内にどのように外部から磁束密度 B の磁場が侵入し，電流密度 J_C の臨界電流が流れるのかを見ていきましょう。考察を行うに当たって可能な限り議論を簡単にするため，式 (3.12) のビーンモデルを使用して計算を行っていきます。是非，皆さんも紙と鉛筆を使って一緒に計算を行ってください。

　まず，考察対象の超電導体は図 3.6 に示すように x 軸方向に幅が $2t$ で，y 方向と z 方向の長さが無限大のスラブモデルを考えます。そして，このスラブモデルに対して y 軸方向に外部から磁束密度 B の磁界が印加されており，この B を遮蔽する方向（$\pm z$ 方向）に電流が流れます。

　ここで，早速ビーンモデルの考えを適用すると，外部の B がどのような値においても超電導体に流れる電流は電流密度 J_C の臨界電流が流れているということになります。

　さて，上記のような前提条件を仮定しましたが，超電導体内部の磁束密度分布をどのように求めましょうか？　与えられたのは「超電導体内に電

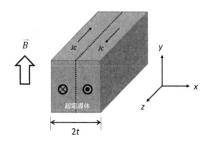

図 3.6　超電導体のスラブモデル

流密度 J_C の臨界電流が流れている」ということです。そして，求めるのは超電導体内の磁束密度分布…この際に思い出していただきたいのが，電流密度 J と磁束密度 B の関係式，マクスウェル方程式におけるアンペールの法則です。

$$\vec{\nabla} \times \vec{B} = \mu_0 \vec{J_C} \tag{3.16}$$

これをベクトルの成分表示に直してみましょう。つまり，xyz 方向の単位ベクトル（$\hat{x}, \hat{y}, \hat{z}$）を用いて，

$$\vec{\nabla} = \frac{\partial}{\partial x}\hat{x} + \frac{\partial}{\partial y}\hat{y} + \frac{\partial}{\partial z}\hat{z} \tag{3.17}$$

$$\vec{B} = B_x\hat{x} + B_y\hat{y} + B_z\hat{z} \tag{3.18}$$

$$\vec{J_C} = J_{Cx}\hat{x} + J_{Cy}\hat{y} + J_{Cz}\hat{z} \tag{3.19}$$

として計算を行うと，式 (3.16) の左辺は

$$
\vec{\nabla} \times \vec{B} = \begin{vmatrix} \hat{x} & \hat{y} & \hat{z} \\ \frac{\partial}{\partial x} & \frac{\partial}{\partial y} & \frac{\partial}{\partial z} \\ B_x & B_y & B_z \end{vmatrix}
$$

$$
= \left(\frac{\partial B_z}{\partial y} - \frac{\partial B_y}{\partial z}\right)\hat{x} + \left(\frac{\partial B_x}{\partial z} - \frac{\partial B_z}{\partial x}\right)\hat{y}
$$

$$
+ \left(\frac{\partial B_y}{\partial x} - \frac{\partial B_x}{\partial y}\right)\hat{z} \tag{3.16$'$}
$$

となります。

　ここで，第 1 章で学んだことを思い出してみましょう。超電導体中に磁界が侵入する際には，図 3.7 のように端部から中心部にかけて徐々に減衰するように侵入していくのでしたよね？　これに xyz 座標を適用して考えると，B と J_C に関して下記のことが言えます。

- 磁束密度の $x > 0$，$x < 0$ の両方の領域で超電導体の中心（$x = 0$）に近づくほど表面から減衰していく（x 方向にのみ変化する）
  → $\frac{\partial}{\partial x}$ 成分のみ存在
- 外部から印加された磁束密度の成分は y 方向のみであり，超電導体内の磁界の大きさも y 方向の変化のみ

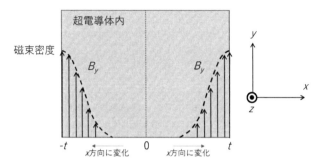

図 3.7 超電導体内への磁束密度（磁界）の侵入イメージ

　→ B_y 成分のみ存在

・ バルク内の電流密度 J は $\pm z$ 方向にのみ流れている。（図 3.6 より）

　→ J_Z 成分のみ存在

よって式 (3.16)′ は最終的に，

$$\vec{\nabla} \times \vec{B} = \left(\frac{\partial B_z}{\partial y} - \frac{\partial B_y}{\partial z}\right)\hat{x} + \left(\frac{\partial B_x}{\partial z} - \frac{\partial B_z}{\partial x}\right)\hat{y} + \left(\frac{\partial B_y}{\partial x} - \frac{\partial B_x}{\partial y}\right)\hat{z}$$

$$= \frac{\partial B_y}{\partial x}\hat{z} \tag{3.16″}$$

と非常にシンプルな形になり，z 成分 ($\hat{z}$ の成分) のみになります。

　また，式 (3.19) も上記の条件により

$$\vec{J_C} = J_{Cz}\hat{z} \tag{3.19′}$$

となりますので，式 (3.16)″ および式 (3.19)′ を合わせて

$$\frac{\partial B_y}{\partial x}\hat{z} = \mu_0 J_{Cz}\hat{z}$$

すなわち

$$\frac{\partial B_y}{\partial x} = \mu_0 J_{Cz} \tag{3.20}$$

となり，添字の成分表示 y, z を取り除いて書き表すと，

$$\frac{\partial B}{\partial x} = \mu_0 J_C \tag{3.21}$$

85

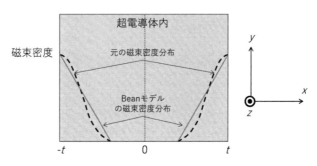

図 3.8　超電導体内におけるビーンモデルによる磁束密度分布

と表すことが出来ます。

　随分とシンプルな微分方程式になりましたね。この式の解釈ですが，**超電導体内の磁束密度 B は傾き $\mu_0 J_C$ の直線（x の 1 次関数）で表される**ということを意味しています。これを図で描くと図 3.8 のようになります。すなわち曲線で描かれていた B の減衰の様子が**ビーンモデルでは直線で近似されている**ことが分かります。すなわち「J_C が B によらず一定」ということの影響が見て取れます。

3.5.2　ビーンモデルによる超電導体内の磁束密度の解析

　前節の内容をふまえて外部の磁束磁界が変化した際に，超電導体内にお

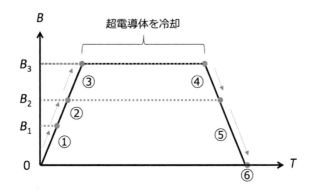

図 3.9　超電導体へ印加される外部磁束密度の時間変化

いて磁束密度および電流密度がどのような分布になるのかをビーンモデルを使って実際に計算してみましょう。本節で挙げる例は，第2章のバルク超電導体の着磁で行った磁界中冷却（FC）の着磁プロセスを，スラブモデルへ適用したものです。

　図3.9に超電導体へ印加される外部磁界の時間変化のプロセスを示します。磁束密度は直線状に準静的に $B_1 \rightarrow B_2 \rightarrow B_3$ まで増加していきます。そして B_3 まで上がり切ったところで，超電導体を何らかの方法で冷却し（第2章では液体窒素を使用），十分に時間が経過したところで再度，$B_3 \rightarrow B_2 \rightarrow B_1$ と逆のプロセスで直線状に準静的に磁束密度を下げていきます。ただし，ここでの議論の大前提として，**B_3 は臨界磁束密度 B_c を超えない**とします。

　このプロセス中における超電導体内部の磁束密度分布を表したのが図3.10になります。磁束密度が外部から印加された場合には，超電導体

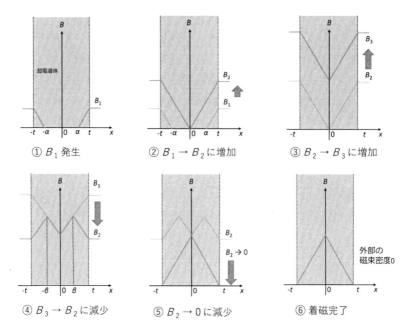

① B_1 発生　　② $B_1 \rightarrow B_2$ に増加　　③ $B_2 \rightarrow B_3$ に増加

④ $B_3 \rightarrow B_2$ に減少　　⑤ $B_2 \rightarrow 0$ に減少　　⑥ 着磁完了

図 3.10　外部印加磁界の変化に伴う超電導体内部の磁束密度分布の変化

の端部から徐々に磁束度が侵入していき（①），中心部まで到達した後には（②），磁束密度分布の概形（直線）をそのまま維持しながら超電導体内全体の磁束密度が上昇していきます（③）。そして再度磁束密度が減少していく際には，再び超電導体の端部から徐々に変化し始めて（④），最終的に超電導体の中心部をピークとした三角形状の磁場が超電導体内部に残ることになります（⑤，⑥）。これらの変化を見る上で，磁束密度分布を直線近似していますが，**直線の傾きが常に一定**であることをしっかりと意識しながら変化を追っていってください。

(1) B_1 の発生時

図 3.11 に磁束密度 B_1 の磁界を印加時の超電導体内の磁束密度分布および電流密度分布を示します。超電導体内における磁束密度分布と電流密度の関係をイメージする時には今回の図に示すように，磁束密度分布の真下に電流密度の分布を描くと，双方の関係がイメージしやすいでしょう。ビーンモデルの定義は，超電導体内がどのような磁束密度分布であってもそこに流れる電流密度の値は一定値（J_C）となります。よって，超電導体内に磁束密度が存在する領域には常に一定値 J_C が流れていて，この向きは図 3.6 に示すように外部磁界を妨げる向き（$-B$ 方向）となります。よって，**ビーンモデルにおける電流密度分布で取りうる値は**，

$$J = 0, \pm J_C \tag{3.22}$$

の 3 通りしかありません。

では磁束密度分布の直線式を求めていきます。式 (3.21) にありますように直線の傾きは常に一定です。ただし図 3.11 にありますように，超電導体の中心部を境に，直線の傾きの符号が式 (3.23) のように逆転していることに注意してください。

$$\begin{cases} \dfrac{\partial B}{\partial x} = \mu_0 J_C & (\alpha < x < t) \tag{3.23} \\ \dfrac{\partial B}{\partial x} = -\mu_0 J_C & (-t < x < -\alpha) \tag{3.24} \end{cases}$$

いま，外部で発生した磁束密度により，超電導体内部に中心から $\pm\alpha$ の距離まで磁束が侵入しているとしてこの磁束密度分布の式（直線の式）を

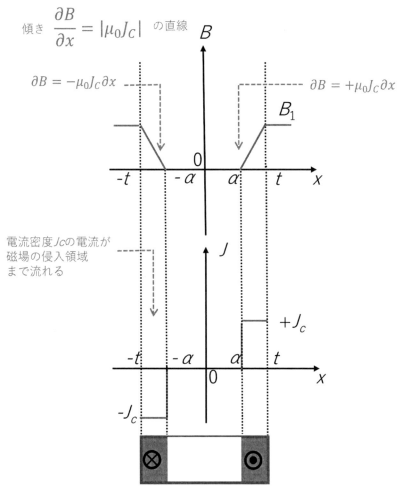

図 3.11 　磁束密度 B_1 の磁界を印加時の超電導体内の磁束密度分布および電流密度分布

求めると，まず $\alpha < x < t$ の時，式 (3.23) より

$$\partial B = \mu_0 J_C \partial x$$

この式の両辺を不定積分すると，積分定数を C_1 として

$$B = \int_{\alpha}^{x} \mu_0 J_C dx + C_1 = \mu_0 J_C \int_{\alpha}^{x} dx + C_1$$
$$= \mu_0 J_C \left[x\right]_{\alpha}^{x} + C_1 = \mu_0 J_C \left(x - \alpha\right) + C_1 \tag{3.25}$$

となります。

　ここで境界条件により，$x = t$ において $B = B_1$ となるので，式 (3.25) は

$$B_1 = \mu_0 J_C \left(t - \alpha\right) + C_1 \tag{3.26}$$

となり，積分定数 C_1 は

$$C_1 = B_1 - \mu_0 J_C \left(t - \alpha\right) \tag{3.27}$$

と求まります。

　よって式 (3.27) を式 (3.25) へ代入すると，

$$B = \mu_0 J_C \left(x - \alpha\right) + B_1 - \mu_0 J_C \left(t - \alpha\right)$$
$$= \mu_0 J_C \left\{\left(x - \alpha\right) - \left(t - \alpha\right)\right\} + B_1$$
$$= \mu_0 J_C \left\{x - \alpha - t + \alpha\right\} + B_1 = \mu_0 J_C \left(x - t\right) + B_1 \tag{3.28}$$

となります。

　$-t < x < -\alpha$ の場合も基本的な考え方は全く同じです。すなわち，式 (3.24) において

$$\partial B = -\mu_0 J_C \partial x$$

となるので，両辺を不定積分すると，積分定数を C_2 として

$$B = \int_{-t}^{x} \left(-\mu_0 J_C\right) dx + C_2 = -\mu_0 J_C \int_{-t}^{x} dx + C_2$$
$$= -\mu_0 J_C \left[x\right]_{-t}^{x} + C_2 = -\mu_0 J_C \left(x + t\right) + C_2 \tag{3.29}$$

ここで，$x = -t$ において $B = B_1$ となるので，式 (3.29) は，

$$B_1 = -\mu_0 J_C \left(-t + t\right) + C_2 \tag{3.30}$$

となり，積分定数 C_2 は

$$C_2 = B_1 \tag{3.31}$$

と求まりますので，式 (3.31) を式 (3.30) へ代入すると，

$$B = -\mu_0 J_C (x + t) + B_1 \tag{3.32}$$

となります。

以上から，超電導体内における磁束密度分布 B の式は，

$$
\begin{cases}
B = \mu_0 J_C (x - t) + B_1 & (\alpha < x < t) & \text{(3.28 再掲)} \\
B = -\mu_0 J_C (x + t) + B_1 & (-t < x < -\alpha) & \text{(3.32 再掲)}
\end{cases}
$$

と表されます。

ここで，この時の超電導体内への磁束密度の侵入長 $|t - \alpha|$ を求めてみましょう。すなわち式 (3.29) へ $x = \alpha$ を代入すると，

$$0 = \mu_0 J_C (\alpha - t) + B_1 = -\mu_0 J_C (t - \alpha) + B_1 \tag{3.33}$$

となり，右辺の第一項を左辺へ移項すると，

$$\mu_0 J_C (t - \alpha) = B_1$$

となるので，

$$(t - \alpha) = \frac{B_1}{\mu_0 J_C} \tag{3.34}$$

と求まります。もちろんですが，式 (3.32) に $x = -\alpha$ を代入しても同じ結果が得られます。

この式の意味するところは，**外部の磁束密度 B_1 が大きいほど，超電導体内への磁束の侵入度合いは大きくなるが，臨界電流密度 J_c が大きいほど外部磁束密度を遮蔽することになるので，侵入長は小さくなる**ことを意味します。

(2) $B_1 \to B_2$ に増加する時

図 3.12 に示すように，外部磁界が $B_1 \to B_2$ に増加する際には，超電導体内の直線の傾きを一定に保ったまま $+B$ 方向に増加するため，磁束

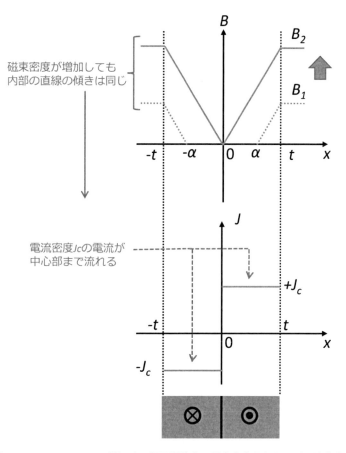

図 3.12　$B_1 \rightarrow B_2$ に増加時の超電導体内の磁束密度分布および電流密度分布

密度の直線が原点（$x = 0$）を通ります。すなわち物理的に言えば，外部から侵入してきた磁束は超電導体の中心部に達することを意味します。この場合，超電導体の真ん中を境にして左半分，右半分で一様な電流密度の分布となります。

　この場合の磁束密度分布の関係式は，式 (3.23)′ に示すように，式そのものは変化がないのですが，（　）内の不等式部分が異なります。

$$\begin{cases} \dfrac{\partial B}{\partial x} = \mu_0 J_C & (x \geqq 0) \\[4mm] \dfrac{\partial B}{\partial x} = -\mu_0 J_C & (x < 0) \end{cases} \quad\quad \begin{matrix} (3.35) \\[4mm] (3.36) \end{matrix}$$

いま，外部で発生した磁束密度により，超電導体内部に中心から $\pm\alpha$ の距離まで磁束密度が侵入しているとしてこの磁束密度分布の式（直線の式）を求めると，まず $x \geqq 0$ の時は式 (3.35) より

$$\partial B = \mu_0 J_C \partial x$$

この式の両辺を不定積分すると，積分定数を C_3 として

$$B = \int_0^x \mu_0 J_C dx + C_3 = \mu_0 J_C \int_0^x dx + C_3$$
$$= \mu_0 J_C \left[x\right]_0^x + C_3 = \mu_0 J_C x + C_3 \quad\quad (3.37)$$

となります。

ここで境界条件により，$x = 0$ において $B = 0$ となるので，式 (3.37) は

$$0 = C_3$$

となりますので，

$$B = \mu_0 J_C x \quad\quad (3.38)$$

と求まります。よくよく考えてみれば，**傾きが $\mu_0 J_C$ かつ，$x = 0$（原点）を通る直線**なので計算するまでもないですが…。

よって，$x < 0$ の場合はもう明らかですね。**傾きが $-\mu_0 J_C$ かつ 原点（$x = 0$）を通る直線**ですので，

$$B = -\mu_0 J_C x \quad\quad (3.39)$$

となります。

以上から，超電導体内における磁束密度分布 B の直線の式は，

$$\begin{cases} B = \mu_0 J_C x & (x \geqq 0) \\[3mm] B = -\mu_0 J_C x & (x < 0) \end{cases} \quad\quad \begin{matrix} (3.38\,\text{再掲}) \\[3mm] (3.39\,\text{再掲}) \end{matrix}$$

93

と表されます。

(3) $B_2 \to B_3$ へ増加するとき

　図 3.13 に示すように，超電導体内の中心まで侵入する大きさ B_2 の磁場が発生している中で，磁束密度が更に B_3 まで増加した時には超電導体内部の磁束も増加します。しかし，この時に超電導体内に流れている電流密度は Jc のまま変わりません。これはビーンモデルにおいて「臨界電流密度 Jc は外部磁束密度の値に依らない」ということを改めて思い出してください。

　この場合の磁束密度分布の直線式は，プロセス②で求めた原点を通る直線の式（式 (3.38) と式 (3.39)）がそのまま B の軸に沿って上に持ち上げられた形になりますので，積分定数として C_4 および C_5 を用いて

$$\begin{cases} B = \mu_0 J_C x + C_4 & (x \geqq 0) \\ B = -\mu_0 J_C x + C_5 & (x < 0) \end{cases}$$

(3.40)
(3.41)

と表されます。

　まず，$x \geqq 0$ の場合に関して考えます。すなわち $x = t$ において $B = B_3$ となるので，式 (3.40) は

$$B_3 = \mu_0 J_C t + C_4$$

となるので，

$$C_4 = B_3 - \mu_0 J_C t \tag{3.42}$$

と求まります。

　これを式 (3.40) に代入して，

$$B = \mu_0 J_C x + B_3 - \mu_0 J_C t = \mu_0 J_C (x - t) + B_3 \tag{3.43}$$

となります。

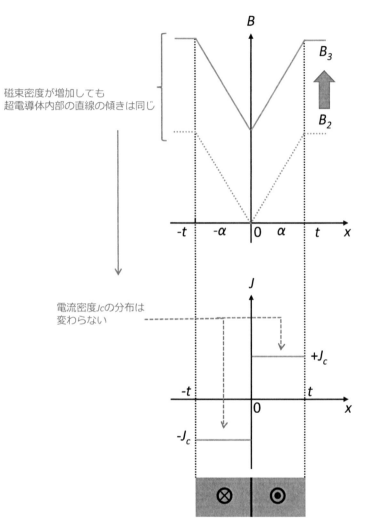

図 3.13 $B_2 \to B_3$ に増加時の超電導体内の磁束密度分布および電流密度分布

一方，式 (3.41) に関しては $x = -t$ において $B = B_3$ となるので，

$$B_3 = \mu_0 J_C t + C_5$$

となるので,

$$C_5 = B_3 - \mu_0 J_C t \tag{3.44}$$

と求まり，最終的に式 (3.41) へ代入して計算すると,

$$B = -\mu_0 J_C x + B_3 - \mu_0 J_C t = -\mu_0 J_C (x+t) + B_3 \tag{3.45}$$

となりますのでこれらをまとめると，下記となります。

$$\begin{cases} B = \mu_0 J_C (x-t) + B_3 & (x \geqq 0) & \text{(3.43 再掲)} \\ B = -\mu_0 J_C (x+t) + B_3 & (x < 0) & \text{(3.45 再掲)} \end{cases}$$

(4) $B_3 \to B_2$ に減少するとき

　さて，ここまでは超電導体に印加される外部磁束密度が増加する場合に関してみてきましたが，このプロセスでは逆に磁束密度を減少させる時の超電導体内の磁束密度と電流密度を考えていきましょう。図 3.14 に示すように，$B_3 \to B_2$ に減少する際にはやはり端部から変化が現れます。すなわち，磁束密度が減少し始める部分で今まで流れていたのと逆方向の電流（大きさはやはり Jc）が流れて，今までの磁束密度の強さを維持しようとする現象（レンツの法則）が発生していることを意味します。

　この現象により，超電導体内における磁束密度分布は 4 つの領域において 4 通りの直線で表されていることが分かりますね。少し複雑になってきていますが，次のページで頑張って計算してみましょう。

　上記にて述べたように，磁束密度分布の関係式は，4 つの領域で下記のように表されます。

$$\begin{cases} \dfrac{\partial B}{\partial x} = -\mu_0 J_C & (\beta < x \leqq \mathrm{t}) & \tag{3.46} \\[2mm] \dfrac{\partial B}{\partial x} = \mu_0 J_C & (0 < x \leqq \beta) & \tag{3.47} \\[2mm] \dfrac{\partial B}{\partial x} = -\mu_0 J_C & (-\beta < x \leqq 0) & \tag{3.48} \\[2mm] \dfrac{\partial B}{\partial x} = \mu_0 J_C & (-\mathrm{t} < x \leqq -\beta) & \tag{3.49} \end{cases}$$

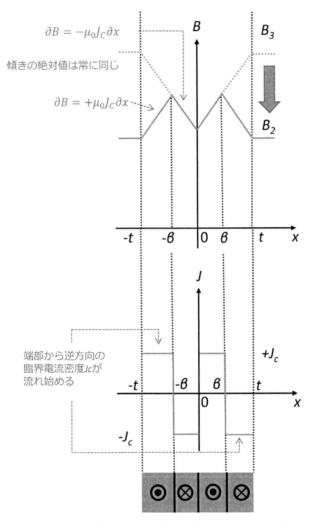

図 3.14 $B_3 \rightarrow B_2$ に減少時の超電導体内の磁束密度分布及び電流密度分布

まず，$\beta < x \leqq t$ の領域に関して考えます。この領域で積分定数 C_6 を
用いて不定積分すると，

$$B = \int_{\beta}^{x} \left(-\mu_0 J_C\right) dx + C_6 = -\mu_0 J_C \int_{\beta}^{x} dx + C_6$$

$$= -\mu_0 J_C \left[x\right]_\beta^x + C_6 = -\mu_0 J_C \left(x - \beta\right) + C_6 \tag{3.50}$$

となります.

　　ここで境界条件により, $x = \mathrm{t}$ で $B = B_2$ となるので,

$$B_2 = -\mu_0 J_C \left(t - \beta\right) + C_6$$

すなわち,

$$C_6 = B_2 + \mu_0 J_C \left(t - \beta\right) \tag{3.51}$$

と求まり, これを式 (3.37) に代入して最終的に

$$\begin{aligned}
B &= -\mu_0 J_C \left(x - \beta\right) + B_2 + \mu_0 J_C \left(t - \beta\right) \\
&= -\mu_0 J_C \left(x - \beta\right) + \mu_0 J_C \left(t - \beta\right) + B_2 \\
&= -\mu_0 J_C \left(x - \beta - t + \beta\right) + B_2 \\
&= -\mu_0 J_C \left(x - t\right) + B_2
\end{aligned} \tag{3.52}$$

と求まります.

　　ちなみに $x = \beta$ の場合には,

$$B = -\mu_0 J_C \left(\beta - t\right) + B_2 \tag{3.53}$$

となります. この値は次の領域の計算で用います.

　　次に, 2 つ目の領域である $0 < x \leq \beta$ での直線の式を求めます. 同様に積分定数 C_7 を用いて不定積分を行うと

$$\begin{aligned}
B &= \int_0^x \mu_0 J_C dx + C_7 = \mu_0 J_C \int_0^x dx + C_7 \\
&= \mu_0 J_C \left[x\right]_0^x + C_7 = \mu_0 J_C x + C_7
\end{aligned} \tag{3.54}$$

となります.

　　ここで, 境界条件により先程の式 (3.52) を用います. すなわち, $x = \beta$ で $B = -\mu_0 J_C \left(\beta - t\right) + B_2$ となりますので, 式 (3.54) は

$$-\mu_0 J_C \left(\beta - t\right) + B_2 = \mu_0 J_C \beta + C_7$$

となりますので,

$$C_7 = -\mu_0 J_C \left(\beta - t\right) + B_2 - \mu_0 J_C \beta = B_2 - \mu_0 J_C \left(2\beta - t\right) \quad (3.55)$$

と求まり，最終的に式 (3.54) へ代入して整理すると，

$$B = \mu_0 J_C x + B_2 - \mu_0 J_C \left(2\beta - t\right) = \mu_0 J_C \left(x - 2\beta + t\right) + B_2 \quad (3.56)$$

となります。

3 つ目の領域ですが，もう一度図 3.14 を見てみましょう。この部分は，式 (3.54) と B の軸に対して左右対称です。つまり偶関数の関係

$$f\left(x\right) = f\left(-x\right)$$

が成り立っているので，式 (3.56) の第 1 項の x の符号を入れ替えて $(x \rightarrow -x)$ 整理すると，

$$B = \mu_0 J_C \left(-x - 2\beta + t\right) + B_2 = -\mu_0 J_C \left(x + 2\beta - t\right) + B_2 \quad (3.57)$$

と求まります。

こうなると，勘の良い方（？）は気付かれたはずですが，次の領域である $-t < x \leqq -\beta$ も式 (3.52) と偶関数の関係にありますので，同様に符号を入れ替えて $(x \rightarrow -x)$

$$B = -\mu_0 J_C \left(-x - t\right) + B_2 = \mu_0 J_C \left(x + t\right) + B_2 \quad (3.58)$$

となります。このようにガリガリと計算を行うだけでなく，**物理現象を把握しつつ適度に計算の手を抜ける**ようになることは，非常に大切なポイントになります。

以上から，4 つの領域における磁束密度分布の式は以下のように表わされます。

$$\begin{cases} B = -\mu_0 J_C \left(x - t\right) + B_2 & \left(\beta < x \leqq \mathrm{t}\right) & (3.52\,\text{再掲}) \\ B = \mu_0 J_C \left(x - 2\beta + t\right) + B_2 & \left(0 < x \leqq \beta\right) & (3.56\,\text{再掲}) \\ B = -\mu_0 J_C \left(x + 2\beta - t\right) + B_2 & \left(-\beta < x \leqq 0\right) & (3.57\,\text{再掲}) \\ B = \mu_0 J_C \left(x + t\right) + B_2 & \left(-\mathrm{t} < x \leqq -\beta\right) & (3.58\,\text{再掲}) \end{cases}$$

(5) $B_2 \to 0$ に減少するとき

さて，いよいよ最後のプロセスです。すなわち超電導体に印加される外部磁界が B_2 から一気に 0 に減少した場合になります。図 3.13 と比較してみると，磁束密度分布の向きも臨界電流密度 J_C の流れる向きも逆転していることが分かります。すなわち超電導体自身に外部磁束密度が印加されていた時の状態を維持しようとして，J_C を流し続けて磁束密度を発生し続けている状態のことを「超電導体が着磁された状態」と解釈できます。

もうここまでできたら簡単ですよね？　まず，図 3.15 における磁束密度分布の直線式の傾きは下記のように表されます。

$$\frac{\partial B}{\partial x} = -\mu_0 J_C \qquad (x \geq 0) \tag{3.59}$$

$$\frac{\partial B}{\partial x} = \mu_0 J_C \qquad (x < 0) \tag{3.60}$$

まず $x \geq 0$ の時は式 (3.59) より

$$\partial B = -\mu_0 J_C \partial x$$

この式の両辺を不定積分すると，積分定数を C_8 として

$$B = \int_0^x (-\mu_0 J_C)\, dx + C_8 = -\mu_0 J_C \int_0^x dx + C_8$$
$$= -\mu_0 J_C \left[x\right]_0^x + C_8 = -\mu_0 J_C x + C_8 \tag{3.61}$$

となります。

ここで境界条件により，$x = t$ において $B = 0$ となるので，式 (3.61) は

$$0 = -\mu_0 J_C t + C_8$$

より，

$$\mu_0 J_C t = C_8 \tag{3.62}$$

となりますので，式 (3.61) に代入して整理すると

$$B = -\mu_0 J_C x + \mu_0 J_C t = -\mu_0 J_C (x - t) \tag{3.63}$$

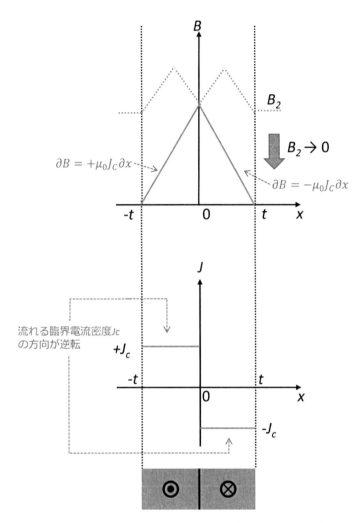

図 3.15　$B_2 \to 0$ に減少時の超電導体内の磁束密度分布及び電流密度分布

となります。

　よって，$x < 0$ の場合は先ほど述べたように偶関数の関係

$$f(x) = f(-x)$$

を利用して式 (3.60) において $x \to -x$ として整理すると，

101

$$B = -\mu_0 J_C \left(-x - t\right) = \mu_0 J_C \left(x + t\right) \tag{3.64}$$

と求まります。

以上から，超電導体内における磁束密度分布 B の直線の式は，

$$\begin{cases} B = -\mu_0 J_C \left(x - t\right) & (x \geqq 0) & \text{(3.63 再掲)} \\ B = \mu_0 J_C \left(x + t\right) & (x < 0) & \text{(3.64 再掲)} \end{cases}$$

と表されます。

以上で図 3.10 における，すべてのプロセスの電流密度分布の様子と磁束密度分布の式に関して求まりました。そこそこ泥臭い計算があり，途中で何を求めているのか分からなくなりかけた読者の方々もいたかもしれません（昔の著者です…）。ただ計算だけにとらわれるのではなく，超電導体の中で起こっている現象をビーンモデルのような臨界状態モデルを使用することでどのように表現できるのかということ，すなわち求まった数式中の各パラメータ（磁束密度 B，臨界電流密度 J_C, etc. …）がどのような役割を果たし，言葉で表すと何を意味しているのかということを常に意識しながらもう一度これらの計算過程を追ってみてください。2 回目に見直してみると，最初に読んだ時よりはもう少し，全体を見通しやすくなっているのではないでしょうか。とにかく物理学を理解し，それらを記述する言語としての数学（数式）があるのだということを忘れないでください。

これは余談ですが③　学会発表 その1

　研究室に配属されて少しずつ結果が出てくると，指導教員の先生から学会発表をするように持ち掛けられます。特に卒論配属された学生さんは多くの場合，卒論発表の結果を翌年の3月の学会で発表する，もしくは大学院の修士課程に進んで少し経った5-6月頃の学会で発表することが多いはずです。皆さんにとっては，今まで経験したことのない初めての場であり，この場所で発表を行うことで，ようやくその研究分野へ本格的に足を踏み入れたと実感できるのではないでしょうか？

　この学会発表の場というのも色々な種類があり，「電気学会」のように電気電子工学のほとんどの領域をカバーする規模の学会もあれば，著者の所属する「低温工学・超電導学会」など，分野を絞った学会も数多くあり，指導教員の先生方は複数の学会を掛け持ちして発表されている方がほとんどです（私も現時点で5つの学会を掛け持ちしています）。ちなみにですが，上に挙げた電気学会の全国大会は毎年3月（年度末）に行われており，某有名大学院の研究室では「生きてます報告会」と呼ばれているそうです…研究を頑張って，何とか一年ぶりにまたこの学会へ帰ってきましたという報告会…感慨深いですね（笑）。

　学会の発表形式は一般には2通りあります。1つ目は壇上に立って，パワーポイント等で自身の研究を説明し，講演後にその内容に関してディスカッションを行う「オーラル発表」です。この方式は，1つの会場に多くの人が集まって講演を聴くことになるので，自身の研究をより多くの方々に知ってもらうことができる一方で，発表者の持ち時間（講演＋質疑）が限られていて，場合によっては十分な議論が出来ないまま次の発表者へ交代となってしまう場合があります。

　一方，2つ目はA0サイズ位の大きな紙に発表内容をまとめて会場の自身の割当スペースに貼り，自分のポスターへ来て下さった方々とその場で議論を行う「ポスター発表」です。こちらの方式は持ち時間がおおよそ二時間弱と長めであり，自身の研究分野に近い方々と密度

の濃いディスカッションが出来るという利点があります。ただし，裏を返せば本当に自身の分野に近い方々のみが集まりがちなので，他分野も含んだ多くの方々にアピールをしたいというのであれば，ポスターの他に自身でタブレット端末を用意したり，事前に多くの方々に宣伝したりしておくなど，少し工夫が必要かもしれません。いずれにしても，どちらがよくてどちらが悪いということはないので，複数の学会に参加出来るのであれば，両方で発表を行ってみることをおすすめします。

　学会には，ある分野の研究をリードされている方々，つまり「○○やっている △△ 先生」が必ずいらっしゃり，その先生や研究室の学生さんの発表というのはオーラルであれ，ポスターであれ非常に勉強になります。また，必ず「キャラの濃い」先生や研究者の方々がいらっしゃり，非常に鋭い質問をされてきたり，厳しくコメントをしてくださったりする方々もいらっしゃいます。私も学生時代から何度もこのような方々に質問・コメントをいただき，勉強になったり，ごくたまにイラっとしたり（笑）様々な経験をさせていただきました。確かに学会へ行くと色々なコメントをいただき，中にはあまり聞かれたくなかった，もしくはデータで指摘されたくなかった部分をズバリと指摘され，さらに自身も上手く質問に答えられずに不完全燃焼で終わる学会も数多くあります。ただし，忘れないでいただきたいのは，研究というのは**自身で研究分野を勉強し，手を動かしてデータを出してまとめ，その結果に関して別の方々と「議論」をすることで 1 セット**のものなのです。なので，学会に出る際によく「○○先生には質問で突っ込まれたくない」とか「■■ 大の △△ さんがポスター近くにいたらトイレ行ってこよう…」というように避けることはやめて（昔の自分です…），是非腹をくくって議論してみてください。逆に上手く答えられて論破できた時の快感は最高ですし，発表後の打ち上げでのお酒は美味しいですよ（笑）。

第4章

永久磁石の電磁界解析

　前章では，超電導体の臨界状態モデルに
関して学びました。本章からは汎用数値解析
ソフトである COMSOL Multiphysics® （以
下，COMSOL）を使用します。まずは本章で
COMSOL の基本的な操作方法を学んでもらい，
それらを踏まえた上で次章以降にて第3章の臨
界状態モデルをどのように解析等で実際に使っ
ていくのかを学んでいきます。本書で使用する
COMSOL は特に断りのない限り，**COMSOL
Multiphysics 6.1** を使用します。また，本章以降
の解析にあたっては**「AC/DC モジュール」**が必
要となります。

4.1　COMSOL とは

　今回使用する COMSOL は，元々スウェーデンの企業が開発した汎用
解析ソフトウェアであり，偏微分方程式を「有限要素法」という数値解析
の手法により解いていきます。**有限要素法とは，解析する対象を細かい計
算要素（三角形や四角形）に分け，それらの要素部分における磁界や力，
熱等を計算して，最終的に解析対象全体の物理現象を解析するという手法
です。**本解析手法は電磁界解析から流体解析，構造解析まで様々な分野に
応用されています。図 4.1 に解析を行うユーザインターフェース画面の一
例を示します。COMSOL は本書のような超電導体をはじめとした電磁気
現象だけでなく，流体解析から構造計算，音響解析や化学工学関連の解析
まで様々な計算モジュール（図 4.2）を使用することにより，あらゆる分
野の物理・化学現象の解析に使用可能です。また上記に挙げた電磁気，流
体力学，構造力学等の基本的な偏微分方程式に加えて，必要に応じて自身
で微分方程式を実装して解析することも可能ですし，いくつかの物理現象
を組み合わせた連成解析も可能です。

図 4.1　COMSOL のユーザーインターフェース画面（COMSOL ホームペー
ジ https://www.comsol.jp/comsol-multiphysics より）

電磁気モジュール　　　　構造力学&音響モジュール　　　流体流れ&伝熱モジュール　　　化学工学モジュール
AC/DC　　　　　　　　　構造力学　　　　　　　　　CFD　　　　　　　　　　　化学反応工学
RF　　　　　　　　　　　　非線形構造材料　　　　　　　　ミキサー　　　　　　　　　バッテリデザイン
波動光学　　　　　　　　　　複合材料　　　　　　　　　ポリマー流れ　　　　　　　燃料電池&電解槽
光線光学　　　　　　　　　　ジオメカニクス　　　　　　　マイクロフルイディクス
プラズマ　　　　　　　　　　疲労解析　　　　　　　　　多孔質媒体流れ　　　　　　電気めっき
半導体　　　　　　　　　　　ローターダイナミクス　　　　地下水流　　　　　　　　　腐食解析
　　　　　　　　　　　　　マルチボディダイナミクス　　　パイプ流れ　　　　　　　　電気化学
　　　　　　　　　　　　　MEMS　　　　　　　　　　分子流
　　　　　　　　　　　　　音響　　　　　　　　　　　金属プロセス
　　　　　　　　　　　　　　　　　　　　　　　　　伝熱

図 4.2　解析に用いるモジュールの一例

4.2　COMSOL の計算の流れと注意点

COMSOL で解析を行う際の大まかな流れは，下記のようになります。

1. 形状の作成（解析対象の幾何的な図を描く）
2. 物理条件設定（解析対象の各部分に材料特性や境界条件を与える）
3. 物理方程式の条件設定及び複数方程式の連携設定
4. メッシュ作成（解析対象に細かいメッシュを張り，解析箇所を細かく分ける）
5. 解析（**解析対象に合わせた偏微分方程式を解く**）
6. 結果の表示（解析結果を表示する）
7. 結果の検証（解析対象内外で起こっている現象を**様々な観点から分析する**）

活字でこのように書くよりは，実際に手を動かした方が早いですし，一度使い始めると流れはすぐに理解できるはずです。

しかし，このような解析ソフトを使用しているときに注意すべきなのは，**使用しているソフトが「どのような手法で，何を計算しているのか」**ということをしっかりとイメージ・理解しながら進めることです。上にも書きましたが，ソフトウェアというのは一度使い出すと使い方は割とすぐに取得できますし，マウスをあれこれクリックしているとあっという間に

107

色々な解析結果が出てきます。しかし，どのようなプロセスでその結果が出てきていて，本当にその結果が正しいのか等を考えながら解析するということをいつの間にかないがしろにしてしまいがちですので，その点は常に意識しながら解析を進めるようにしましょう。一般的なソフトウェアは電卓のような単純なものではなく，非常に複雑な計算を行い，膨大な数のデータを用いて「物理現象」を分析するためのツールであるということは忘れないでくださいね。これは著者自身も，学生時代に何度も指導教員の先生に言われてきました…。

　改めて書きますが，**COMSOL は有限要素法による解析を行うソフトウェアであり，その解析過程で偏微分方程式を解いて，結果を表示しています。** このことを意識しながら次節で解析を進めていきましょう。

4.3　永久磁石が空間中に発生する磁界の解析

　では，まず COMSOL を使用して 2 次元の解析を行っていきましょう。今回行うのは，図 4.3 に示す円柱状の永久磁石（以下，PM）を空間に配置した際にどのような磁界が PM の周辺で発生しているのかという，至ってシンプルな現象を解析していきます。恐らく解析をしなくても頭の中にどのような磁界が発生していて，磁力線がどのようになっているかというのはすぐにイメージできると思いますが，**自分があらかじめ思い描くイメージ（予想結果）と解析結果を比較する** というこのプロセスが大事なのです！

　また，表 4.1 に今回解析を行う際に使用したパソコンのスペックをまと

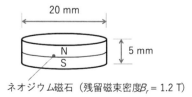

ネオジウム磁石（残留磁束密度B_r = 1.2 T）

図 4.3　解析対象の永久磁石の概形

表 4.1 **本書で解析を行ったノートパソコンのスペック**

CPU	Intel(R) Core (TM) i7-8565U CPU @ 1.80GHz
クロック周波数	1.99 GHz
メモリ	16.0 GB (15.8 GB 使用可能)
OS	Windows 11 Pro (64ビット)

めました。私が普段使用している Windows11 搭載の汎用ノートパソコンに COMSOL をインストールして行っています。本書で取り上げる解析内容はそこまで計算負荷が大きくないものを選んでいますが，これから皆さんが自身の研究テーマで行っていく解析というのはさらに複雑な対象や現象を取り扱うことになりますし，今回のような汎用ノートパソコンで解析を行うのはなかなか厳しいので，可能であれば数値解析向けのハイスペックなパソコンに COMSOL をインストールして解析されることをお勧めします。

また，以下において特に断りがない限りは**「クリック」という言葉は，マウスの「左クリック」**を指しています。

では次のページに進んでください。

(1) まず図左に示すアイコンをクリックして図右に示すような画面が出てきたら，「モデルウィザード」をクリックしてください。

(2) すると，「空間次元選択」という画面が出てきます。今回行うのは 2 次元の解析ですので，図のように「2D」を選択して「完了」をクリックしてください。

手順 (1)

手順 (2)

(3)　ここではどのような物理現象の解析を行うのかを選択します。今

回は PM により発生する磁束密度の解析を行いますので，電流は考えません。よって，「磁場（電流なし）」を選択 →「追加」→「スタディ」の順にクリックしていきます。

手順 (3)

(4) 次の画面のスタディ選択では，「定常」を選択します。PM の発生する磁束密度に時間的な変化がないためです。

(5) 解析モデルの作成や編集を行うインターフェース画面が出てきました。

手順 (4)

①「定常」を選択

②「完了」をクリック

手順 (5)

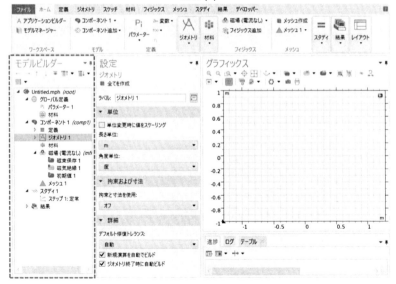

(6) ここで，上の点線で囲まれたモデルビルダー部分に関して拡大したものを示します。解析モデルの作成や条件作成に当たっては，主として図の各部分をクリックしつつ，各項目に数値や条件を手打ちで入力して徐々に解析モデルを作り込んでいき，最終的に一番下の「結果」で解析を行った結果を表示して現象を評価します。

手順 (6)

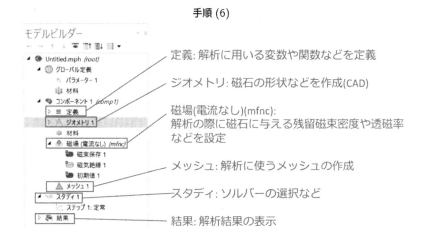

(7) では，解析モデルの作成を始めましょう。まずは，永久磁石の形状の作成を行っていきましょう。解析する PM は図 4.3 のように mm 単位で示されているため，図の「ジオメトリ」を選択し，長さの単位を「m」から「mm」に変更します。

(8) 次に「ジオメトリ 1」を右クリックすると，更にウィンドウが開きますので，ここで「矩形」をクリックしてください。

手順 (7)

長さの単位設定で
デフォルト [m]を
[mm]に変更

手順 (8)

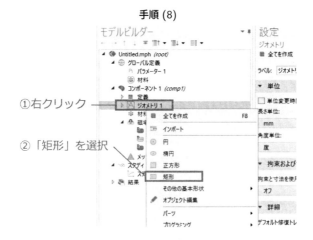

①右クリック

②「矩形」を選択

(9)　図のような編集画面が開きます。左の「設定」で矩形の形状を入力
　　した結果が，右の「グラフィックス」に表示されます。

手順 (9)

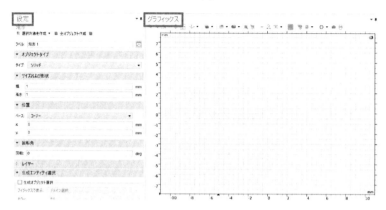

(10) 設定画面において，永久磁石の幅（直径）20 mm と高さ5 mm を
入力します。そして数値を入力後に「選択対象を作成」をクリック
します。

手順 (10)

④最後に「選択対象を作成」
　をクリック

①幅に「20」を入力
②高さに「5」を入力

③ベースを
「コーナー」→「中心」
に変更する

(11) 「グラフィックス」において，PM の2次元形状が描かれました。
画面の座標で位置関係を確認してみてください。

115

手順 (11)

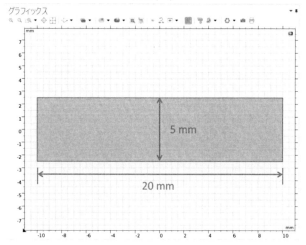

(12)　では，続いて PM の周りを囲む空気領域を作成していきましょう。この空気領域は PM から発生する磁力線が正しく描けるように，境界条件等をしっかりと設定する必要があります。再び「ジオメトリ 1」を右クリックし，今度は「円」を選択してください。

(13)　円を描く設定画面が開きます。PM と比べて数倍の空気領域となるように，半径 50 mm の円を描きます。

手順 (12)

②「円」を選択

①右クリック

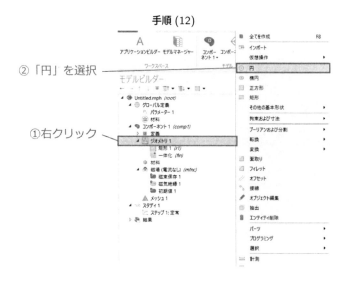

手順 (13)

②「選択対象を作成」
をクリック

①半径に「50」を入力

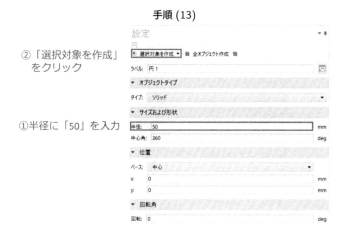

(14) 円が描かれますが，大きすぎて分からないので，図の十字記号をク
リックしてください。

117

手順 (14)

この記号をクリック

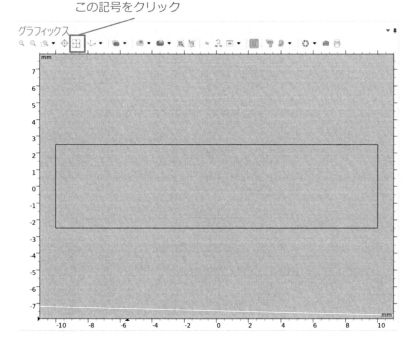

(15)　無事に空気領域の円が描かれていることが分かります。

(16)　上記の手順で描いた円をもう 1 つ描いていきます。再度「ジオメ
　　　トリ 1」を右クリックし，「円」を選択してください。

手順 (15)

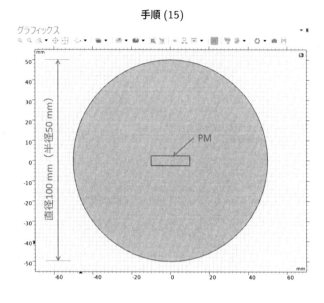

手順 (16)

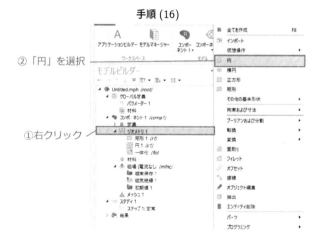

②「円」を選択

①右クリック

(17) 今度は先ほどの円よりも少し大きい半径 60 mm の円を描きます。

手順 (17)

②「選択対象を作成」
　をクリック

①半径に「60」を入力

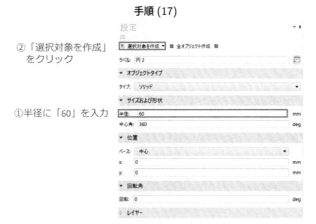

(18)　図のように円が描かれました。

手順 (18)

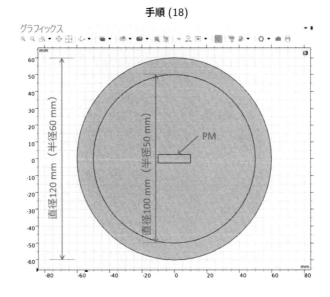

(19) ここまでは，解析する PM と空気領域を設定するための図形を
作ってきました。ここからは，各々の図形に物理的な条件を設定
していきます。まずは空気領域において境界条件を設定していき
ます。図のように，「定義」を右クリックし，「無限要素ドメイン」
を選択します。

手順 (19)

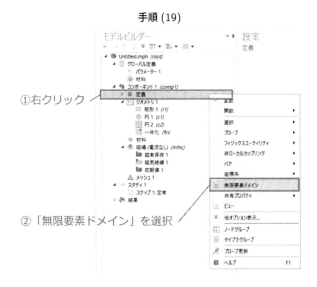

(20) 無限ドメインの設定画面が開いた後，右のグラフィックス画面に
おいて 2 つの円が重なった場所を選択します。すると，ドメイン
選択の部分に選択した部分（ここでは 3）が反映されます。また，
ジオメトリの「デカルト」を「円筒」に変更します。

(21) 今度は「磁場（電流なし）$(mfnc)$」を右クリックして「磁束保存」
を選択します。

121

手順 (20)

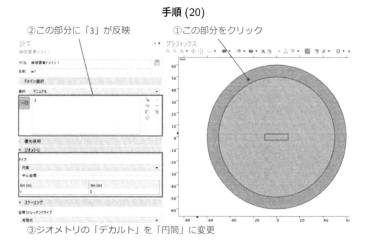

②この部分に「3」が反映　　①この部分をクリック

③ジオメトリの「デカルト」を「円筒」に変更

手順 (21)

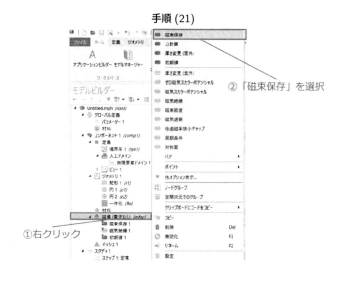

②「磁束保存」を選択

①右クリック

(22)　設定画面に，図のような「磁束保存 2」というラベルの画面が表示
　　　されます。

手順 (22)

(23) PMとなる長方形部分のドメインのみをクリックすると，設定画面の「ドメイン選択」の部分にドメイン番号（今回は「2」）が表示されます。万が一，別の部分を選択してしまった場合は，表示されているドメイン番号をクリックした後に，横にある「−」をクリックすれば選択したドメイン番号を削除することができます。

手順 (23)

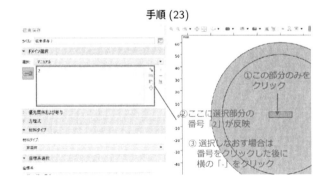

(24) ここからPMとして物理的な設定を行っていきます。まず，構成関係 B-H という部分における項目の「比透磁率」部分の「▼」をクリックします。すると，いくつかの項目リストが出てきますの

で,「残留磁束密度」を選択して下さい。

手順 (24)

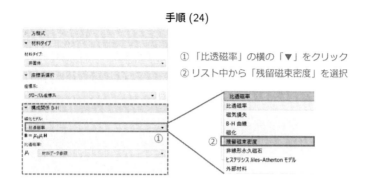

① 「比透磁率」の横の「▼」をクリック
② リスト中から「残留磁束密度」を選択

(25) 図のような表示に切り替わります。ここで, PM の基本的な特性を入力します。

手順 (25)

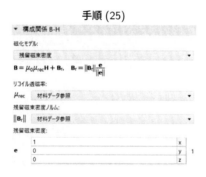

(26) PM の残留磁束密度の方程式を定めるために, 図に示された B の方程式における, リコイル透磁率 μ_{rec}, 残留磁束密度ノルム(ベクトルの大きさ) $\| Br \|$, 単位ベクトル e の成分をそれぞれ定義します。まず, μ_{rec} は「材料データ参照」から「**ユーザー定義**」へ**変更した後に, デフォルト値である「1」のままにしておきます。**

$\parallel Br \parallel$ に関しては，図 4.3 にありましたように，今回の PM は残留磁束密度 Br $= 1.2$ T としていますので，「材料データ参照」から**「ユーザー定義」へ変更した後に値として「1」を入力します。**単位ベクトル e の成分に関しては，今回は PM の磁化方向がグラフィックス画面の鉛直方向（縦方向）になるので，y 方向となります。よって，**（x, y, z）の各成分は（0, 1, 0）とします。**

以上で PM の設定は完了しました。

手順 (26)

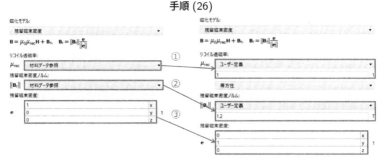

① リコイル透磁率：「材料データ参照」→「ユーザー定義」に変更
　　　　　　　　デフォルト値である「1」のままにする

② 残留磁束密度ノルム：「材料データ参照」→「ユーザー定義」に変更
　　　　　　　　残留磁束密度の値は図4.3より「1.2 T」にする

③ 残留磁束密度：単位ベクトルの方向をy方向に定義
　　　　　　　　(x, y, z)を(1, 0, 0)→(0, 1, 0)に変更

(27) では，次に空気領域の設定を行っていきましょう。まずはモデルビルダーのツリー表示にて，「磁束保存 1」をクリックします。

(28) 設定とグラフィックスが図のように示されます。すなわち設定の画面において，ドメイン 2 (PM) は手順 21〜26 にて物理条件が設定されたため，「他で使用中」という表示が出ています。ちなみに「他で」というのは，上記のツリー画面における「磁束保存 2」のことですね。また，ドメイン 3 も「無限要素」となっています。

さらに，グラフィックス画面に注目すると，すでに初めからドメ

125

手順 (27)

「磁束保存1」をクリック

手順 (28)

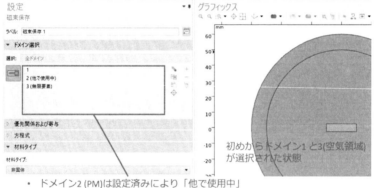

- ドメイン2 (PM)は設定済みにより「他で使用中」
- ドメイン3は「無限要素」が設定された状態

イン 1 と 3 （空気領域）が選択された状態になっていることが分かります。

(29)　再び，構成関係 B-H に着目します。今回は「比透磁率」のままとして，具体的な数値 μ_r を定義します。当然ではありますが，「空気」領域なので空間の磁束密度 B の定義式において $\mu_r = 1$ すなわち真空透磁率 μ_0 のままです。このように，表示されている数式中のパラメータ数値を，実際の物理現象をイメージして対応させ

ながら入力していくことが大切です。

以上で，空気領域の物理条件の設定は終わりです。

手順 (29)

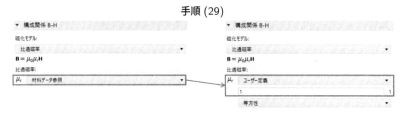

「材料データ参照」→「ユーザー定義」に変更し
「空気」領域を設定するので比透磁率μ_rを1に設定する

(30) 今度は有限要素法（FEM）の解析で最も重要な作業の１つである，
「メッシュ作成」を行ってみましょう。FEM において精度の良い
解析ができるかどうかは，このメッシュ作成に掛かっているといっ
ても過言ではありません！

まずモデルビルダーのツリー表示における「メッシュ１」を右ク
リックすると，図のようなリスト画面が表示されます。今回の解析
では，メッシュの形状は三角形で作成していきますので，「フリー
メッシュ３角形」を選択します。

(31) 図のような設定及びグラフィックス画面が表示されます。

手順 (30)

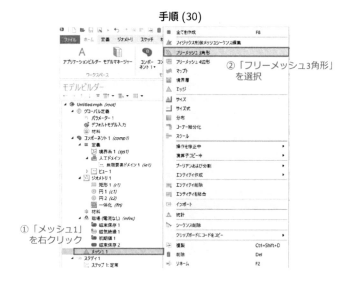

手順 (31)

(32)　設定画面において，ジオメトリエンティティレベルの部分を「残り
　　　の領域」から「ドメイン」に変更します。そして，PM 部分を示す
　　　ドメイン 2 を選択します。

手順 (32)

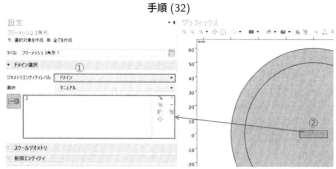

① ジオメトリエンティティレベルを「残りの領域」→「ドメイン」に変更
② ドメイン2(PM)を選択する

(33) モデルビルダーのツリー表示において，「フリーメッシュ 3 角形 1」
を右クリックして「サイズ」を選択します。

手順 (33)

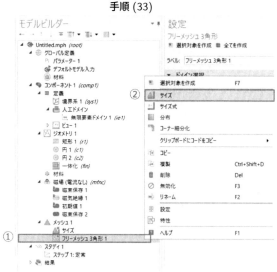

① 「フリーメッシュ3角形1」を右クリック
② 「サイズ」を選択する

129

(34)　サイズ画面が開いたら，「カスタム」にチェックを入れます。

手順 (34)

「カスタム」をチェック

(35)　要素サイズパラメータの設定部分が開きますので，「最大要素サイズ」にチェックを入れ，「2」を記入します。そして最後に「選択対象を作成」をクリックします。

(36)　PM の領域のメッシュが作成されました。

(37)　次に，空気領域部分のメッシュの設定を行っていきましょう。モデルビルダーのツリー表示で「メッシュ 1」を右クリックし，「フリーメッシュ 3 角形」を選択します。

手順 (35)

① 「要素サイズパラメーター」の設定ウィンドウが開く
② 「最大要素サイズ」をチェックし、「2」を記入
③ 「選択対象を作成」をクリック

手順 (36)

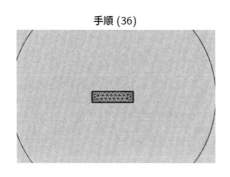

手順 (37)

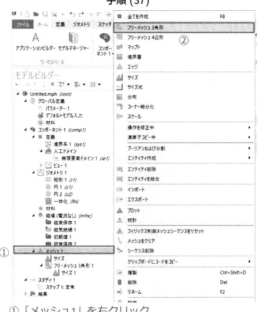

① 「メッシュ1」を右クリック
② 「フリーメッシュ３角形」をクリック

(38) すでに PM のドメインにおけるメッシュは設定済みで，残りのド
メインは空気領域のみなので，今回は「残りの領域」のままにして
おきます。

手順 (38)

(39) 空気領域のドメインを選択したら「フリーメッシュ3角形2」を右クリックし，その中の「サイズ」をクリックします。

手順 (39)

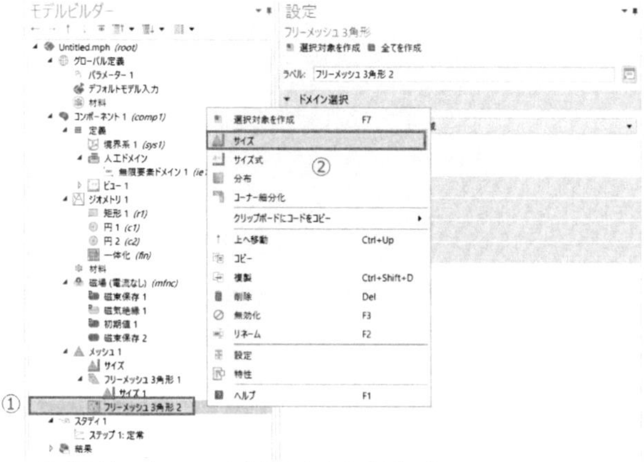

①「フリーメッシュ3角形2」を右クリック
②「サイズ」をクリック

(40) 要素サイズは特に設定せず，そのまま「選択対象を作成」をクリックします。

手順 (40)

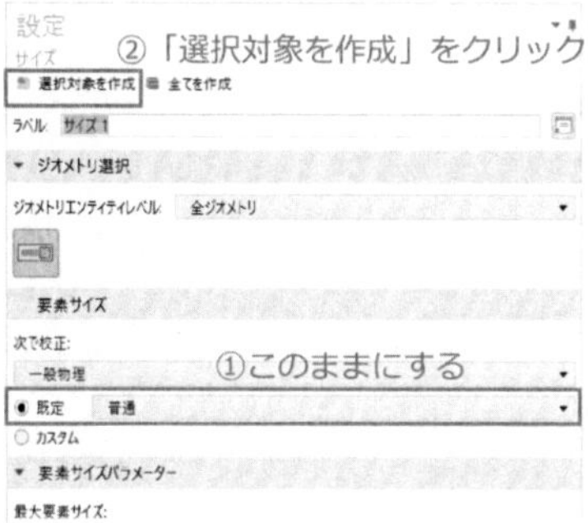

②「選択対象を作成」をクリック
①このままにする

(41)　PM 周辺の空気領域のメッシュが作成されました

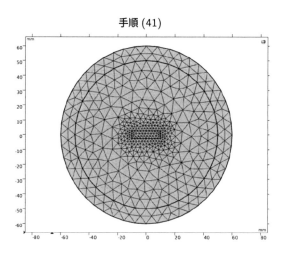

手順 (41)

(42)　ここからは計算における設定を行います。一部は天下り的な記述
になってしまいますが,「スタディ 1」を右クリックし,「デフォル
トソルバー表示」をクリックします。

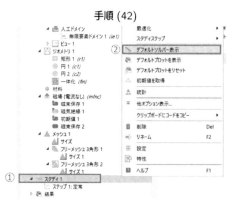

手順 (42)

① 「スタディ 1」を右クリック
② 「デフォルトソルバー表示」をクリック

(43) 「スタディ1」→「ソルバー構成」→「解1*sol1*」→「定常ソルバー1」とツリーを選択していき，「相対トレランス」と呼ばれる部分の数値を「0.02」に設定してください。これにより計算を収束しやすくします（付録参照）。

手順 (43)

① 「スタディ1」の▶をクリック
② 「ソルバー構成」の▶をクリック
③ 「解1 *(sol1)*」の▶をクリック
④ 「定常ソルバー1」をクリック
⑤ 「相対トレランス」を0.02にする

(44) もう一度「スタディ1」をクリックしてから，右上にある「計算」をクリックすると，本モデルの電磁界解析が始まります。今回使用したノートパソコンの範囲では数秒程度で非常に早く計算が終了しました。

(45) 計算が終わると，「磁束密度ノルム（*mfnc*）」と「磁気スカラーポテンシャル（*mfnc*）」の2つの項目が追加され，コンター図（図4.4）が得られます。

手順 (44)

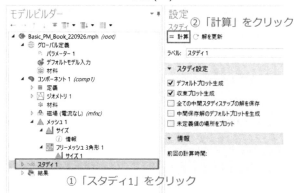

① 「スタディ1」をクリック

手順 (45)

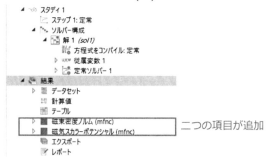

二つの項目が追加

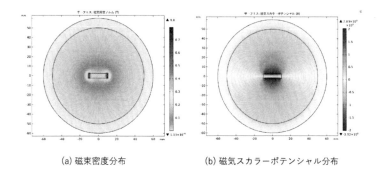

(a) 磁束密度分布　　　　　　(b) 磁気スカラーポテンシャル分布

図 4.4　解析で得られる 2 つのコンター図

　前ページの 2 つの結果に関し，今後自身の手で操作が出来るようになるために，上記の磁束密度分布を例にとって自身の手でコンター図の作成を行ってみましょう。

(46)　まずモデルビルダーのツリー表示における「結果」を右クリックし，表示のリストから「2D プロットグループ」をクリックします。

手順 (46)

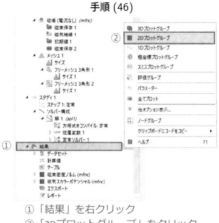

① 「結果」を右クリック
② 「2Dプロットグループ」をクリック

(47)　結果のツリー表示中に「2D プロットグループ 3」が作成されますので，これを右クリックして「サーフェス」を選択します。

(48)　設定画面において，式の部分に「mfnc.normB」と入力します。これは「磁束密度分布のプロットに，計算で求めた B のノルムを使用せよ」という意味で，その結果として下の単位が「T」に変わります。そして最後に「プロット」をクリックします。

手順 (47)

② 「サーフェス」をクリック

① 「2Dプロットグループ3」を右クリック

手順 (48)

① 「式 :」の部分に「mfnc.normB」を入力
　→「電流の存在しない磁束密度分布をBのノルムでプロット」の意味
② 単位が「T」に変わります
③ 「プロット」をクリック

(49)　磁束密度分布のコンター図がプロットされました。

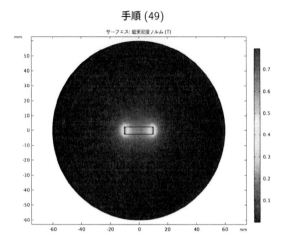

(50)　続いて磁力線を描いていきます。再び「2D プロットグループ 3」を右クリックし，「ストリームライン（流線）」をクリックします。

(51)　磁力線のプロット設定を行います。流線位置において「開始点を制御」，「座標」を選択し，図に示すような数値を入力します。これにより均一な磁力線が描けます。そして磁力線を見やすくするために「カラー」の部分で「白」を選択したら，「プロット」をクリックします。磁力線をきれいに描く幅の都合上，2.222mm と細かい値に設定しています。

手順 (50)

② 「ストリームライン」
をクリック

① 「2Dプロットグループ3」を右クリック

手順 (51)

① 「開始点を制御」を選択
② 「座標」を選択し

X: range(-10, 2.222, 10)
y: 5/2

を入力。

【意味】
X：-10 mmから10 mmの間で、間隔
2.222 mm毎にプロット

y: PMの厚さの中間部分からプロット

③磁力線のカラーを「白」にする
④ 「プロット」をクリック

(52) 磁力線がプロットされていますが，PM の中心からまっすぐに出る磁力線がまだ足りませんので，追加でプロットしていきます。

手順 (52)

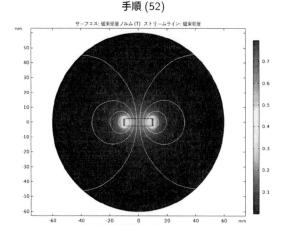

(53) もう一度「2D プロットグループ 3」を右クリックし，「ストリームライン（流線）」をクリックします。

(54) 流線位置において「開始点を制御」，「座標」を選択し，図に示すような数値を入力します。これにより均一な磁力線が描けます。そして磁力線を見やすくするために「カラー」の部分で「白」を選択したら，「プロット」をクリックします。

手順 (53)

② 「ストリームライン」
をクリック

① 「2Dプロットグループ3」を右クリック

手順 (54)

① 「開始点を制御」を選択
② 「座標」を選択し

X: 0
y: 5/2

を入力。

【意味】
X : PMの中心からプロット

y: PMの厚さの中間部分からプロット

③磁力線のカラーを「白」にする
④ 「プロット」をクリック

(55) これにより，PM の中心からも磁力線が出ていることが分かり
ます。

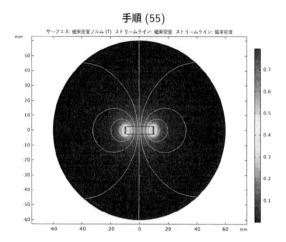

以上で解析の全プロセスが終了です。かなり順を追って細かく説明して
いきましたので，途中でどのようなことを行っているのかが分からなかっ
た読者の皆さんもいらっしゃるかもしれません。少し下記にまとめてみ
ます。

【手順 (1)-(4)：解析手法の選択】
このプロセスでは，解析しようとする物理現象をどのように解析するかを
選択していました。
▶ 手順 (1)-(2)：次元の選択 → 2 次元を選択
▶ 手順 (3)-(4)：解析状態の選択 → 定常状態（突発的な変化がない状態）
を選択

【手順 (5)-(6)：インターフェース画面の概要】
ここでは，選択した解析手法のインターフェース画面の解説を行っていま
す。基本的に左側から「モデルビルダー」，「設定」，「グラフィックス」と

いう順で並んでいて，それぞれの役割は，下記のようになっています。

▶ モデルビルダー：モデルの形状描画，物理条件，計算条件，プロット条件の選択リスト

▶ 設定：モデルビルダーにて選択した内容の編集

▶ グラフィックス：設定にて編集した結果の表示

【手順 (7)-(18)：幾何形状の作成】

これから行っていく解析対象（PM 及び周辺の空気）の描画を行っています。すなわち，物理的な条件やメッシュを設定するための「入れ子」を作りました。

▶ 手順 (7)-(11)：PM 形状の作成

▶ 手順 (12)-(18)：空気領域の作成

【手順 (19)-(29)：物理条件の設定】

前の手順で描いた幾何的な形状に「物理的な意味」を持たせていきます。すなわち，

▶ 手順 (19)-(20)：磁力線が空気領域内で正しくループを描くように境界条件を設定

▶ 手順 (21)-(26)：PM の残留磁束密度 Br の値・方向やリコイル率 μ_{rec} の設定

▶ 手順 (27)-(29)： 空気領域の透磁率 μ_0 の設定

【手順 (30)-(41)：メッシュ条件の設定】

ここでは，解析精度等に直接関わってくるメッシュの大きさを設定しました。

▶ 手順 (30)-(36)：PM のメッシュ設定

▶ 手順 (37)-(41)：空気領域のメッシュ設定

【手順 (42)-(43)：ソルバーの設定】

本プロセスでは，有限要素法のシミュレーションをうまく収束させるための設定を行いました。今回は「相対トレランス」と呼ばれる値を 0.02 に

調整しましたが，本値は COMSOL において計算の収束性，時間，精度の関係に密接に関わる部分です。つまり小さければ小さいほど厳密な収束値となりますが，その分解析の時間も掛かるため，自身がイメージする通りかつ，物理的に正しい値が示されるような範囲の値に調整して下さい。

【手順 (44)-(55)：実際の解析・結果の確認】

上記までのプロセスを経て，解析を回して結果を得るのがこのプロセスです。

▶ 手順 (44)-(45)：計算スタート及び磁束密度分布，磁気スカラーポテンシャル分布の取得

▶ 手順 (46)-(49)：自身での設定による 2 次元磁束密度分布の取得

▶ 手順 (50)-(55)：自身での設定による 2 次元磁力線分布の取得

　→ 本分布の取得では，磁力線を PM の中心とそれ以外の部分から出ている磁力線の分布を描画しましたが，片方の設定だけ行ったのでは正しい磁力線分布ではないので，2 通りの設定で行いましたよね？　つまり，これが物理的に正しいかどうかを自身で判断して解析結果を取得するプロセスの初歩です！

　以上が，読者の皆さんに COMSOL がどのようなものかを手を動かして知っていただく為のチュートリアルでした。恐らく 1〜2 回ではなかなか分からないでしょう。よって，もう一度本章を最初から見直し，さらに最後のまとめの部分において，各手順が何を行っているのかを確認して頭の中を整理してみてください。

　それでは次章からいよいよバルク超電導体のビーンモデルと実験結果の比較・考察（5 章）や，バルク超電導体の着磁解析（6 章）を行っています。

これは余談ですが④　学会発表 その 2

　学会というのは，日本国内はもちろんのこと，海外でも年間を通して様々なジャンル・規模のものが開催されています。恐らく，各研究室や会社の部署等で高い頻度で参加している学会は 1 つ 2 つ必ずあるのではないでしょうか？　このような「ペースメーカー学会」は研究成果を出す上でモチベーションになりますが，学会が開催される「場所」というのはモチベーションを左右する「更に大きな要素」です（少なくとも著者はそう思っています（笑））。例えば日本国内の北海道や沖縄，福岡等は料理やお酒も美味しいので非常に楽しみですし，海外でイタリアやスペイン，フランスをはじめとした海外旅行でも人気となる欧米諸国の場合は「何としてでも」参加するために研究成果を出そうと気合いが入ります（笑）。

　著者もこれまで色々な学会に出席し，色々な思い出があります。下記の表は，その中のほんの一部ですが，料理やお酒が本当に美味しい国や地域であったり，データを出すのに非常に苦労してヘロヘロになって結果を持って行ったことがあったりと，我ながら色々な経験をしたなと書きながら思い出していました。皆さんも学会を通して学術的な経験はもちろんのこと，海外での「軽い」トラブルや食事，観光等，色々と経験してください。こういう経験は学生時代の財産になりますよ！

出張年（学年）	出張した地域・国	一言エピソード
2009年（M2）	ドレスデン（独）	記念すべき国際学会デビュー。雰囲気に圧倒される。
2010年（D1）	ワシントンDC（米）	・データ出しで一日8時間張りつきの実験を10日連続行う。 ・豪華な学会会場（大統領の就任祝いで使用のホテル）。
2011年（D2）	マルセイユ（仏）	・東南アジア系列の安い航空会社を使い、日本から現地 　到着まで24時間以上の道のり。ヘトヘトになる。 ・地中海の綺麗さ！ワイン&ブイヤベースの美味さ！！
2012年（D3）	福岡	・出発二日前までデータが出ない…。 ・飛行機&ホテルで論文執筆→ギリギリで提出。 ・学会で初の受賞。
2017年（AP）	ジュネーヴ（スイス）	・出発日の朝にデータの間違いに気づき、慌てて昼過ぎ 　までポスター修正・印刷→夜に日本出発。 ・自分へのご褒美に空港で時計を買って帰る。
2018年（AP）	シアトル（米）	自身初の4テーマ発表（主著2件、共著2件）。参加者に "You Again（また君か）"と言われる。
2019年（AP）	ボルドー（仏）	学会会場のランチで赤白ワイン飲み放題！
2020年（AP）	沖縄	新型コロナウィルス日本上陸直前の学会。 （まだ対岸の火事状態で殆ど危機感がなかった頃）

M: 修士課程、D: 博士課程、AP：助教

第5章

バルク超電導体内に
流れる電流密度の考察

　前章で，COMSOL の使用法を何となくつか
んでもらえたでしょうか。本章からはもう少し踏
み込んだ解析，すなわち第 2 章で行ったバルク
超電導体（以下，バルク）の実験結果との比較を
行っていきますので，適宜第 2 章の結果を参照し
ながら解析を進めてください。

5.1　磁気ベクトルポテンシャル法（A-Φ法）の導入

　図 5.1 は第 2 章でのバルクの着磁結果です。バルクの表面から 1.36 mm 直上の磁束密度分布を示しています。こちらの磁束密度分布ですが，バルク内に電流が流れていて，その結果としてこのような分布が作られていると考えることが出来ます。では，具体的にバルク内にどのような電流密度の電流が流れているのかを解析していきましょう。

　そもそも COMSOL をはじめとした有限要素法解析ソフトで行う電磁界解析は，解析対象を細かい小さな要素に分割して，それらに対しマクスウェル方程式を解いています。では，今回の解析にはどのような方程式が必要になるのでしょうか？　すなわち，「磁束密度分布から電流密度を推定する」というのが今回の目的です。もはやピッタリな関係式がありませんか？　そう！　アンペールの法則ですね。すなわち，

$$\vec{\nabla} \times \vec{B} = \mu_0 \vec{J} \tag{5.1}$$

になります。

　では COMSOL でどのように解析をしていきましょうか？　ここで登場するのが，磁気ベクトルポテンシャル法（A-Φ法）という解析手法です。

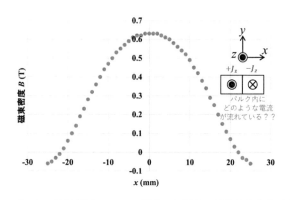

図 5.1　バルクの外部磁界 1.0 T で着磁した場合の磁束密度分布（直径 46 mm のバルク表面 1.36 mm直上で測定）

これはベクトルポテンシャル $\vec{A}$ とスカラーポテンシャル Φ を使用した計算手法です。ベクトルポテンシャル $\vec{A}$ の定義や物理的なイメージ等に関しては他の文献に譲りますので，適宜調べてください。

　まず，この A-Φ 法に関して解説します。可能であれば，これまでのように紙と鉛筆を持って，自分自身で式変形を行って進めてみるとイメージがつかめると思います。

　一般的に低周波電磁場（時間的にゆっくりと変化する）におけるマクスウェル方程式は，以下のように

$$\vec{\nabla} \times \vec{E} = -\frac{\partial \vec{B}}{\partial t} \tag{5.2}$$

$$\vec{\nabla} \times \vec{H} = \vec{J_E} + \vec{J_{ed}} \tag{5.3}$$

$$\vec{\nabla} \cdot \vec{B} = 0 \tag{5.4}$$

と表されます。ここで $\vec{J_E}$ は解析対象に与えられる，既に値が分かっている電流密度，$\vec{J_{ed}}$ は解析対象中の導体に誘起される渦電流密度であり，方程式の設定時点では求まっていない（解析で求める）値です。

　また，超電導体等を考えると，比透磁率 μ_0 及び導電率 σ を用いて下記の方程式が成立します。

$$\vec{B} = \mu_0 \vec{H} \tag{5.5}$$

$$\vec{J_{ed}} = \sigma \vec{E} \tag{5.6}$$

ちなみに，超電導体の解析を行う場合には，上記の**導電率 σ は電流密度の値によって非線形に変化するので（オームの法則が成り立たない），第3章で紹介した n 値モデル等を利用して，関数で与えてやる必要があります（次の第6章で解説）。**

　さて，ここからこれらの方程式を使ってあれこれ変形させていきましょう。

　まず式 (5.4) のマクスウェル方程式の定義としては，「磁束線は常にループを描いていて，湧き出し点，吸い込み点は存在しない」という意味でしたよね？　この時，ベクトルポテンシャル $\vec{A}$ を用いて，以下のように表されます。

$$\vec{B} = \vec{\nabla} \times \vec{A} \tag{5.7}$$

これを式 (5.2) のファラデーの電磁誘導の法則に代入してみましょう。

$$\vec{\nabla} \times \vec{E} = -\frac{\partial}{\partial t}\left\{\vec{\nabla} \times \vec{A}\right\}$$

$$\vec{\nabla} \times \vec{E} = -\vec{\nabla} \times \frac{\partial \vec{A}}{\partial t}$$

$$\vec{\nabla} \times \vec{E} + \vec{\nabla} \times \frac{\partial \vec{A}}{\partial t} = 0$$

$$\vec{\nabla} \times \left\{\vec{E} + \frac{\partial \vec{A}}{\partial t}\right\} = 0 \tag{5.8}$$

となります。この式 (5.8) の意味は，「ベクトル場 $\vec{E} + \partial \vec{A}/\partial t$ は回転していない」という意味になります。なぜなら回転（rot）を取ったベクトル場がゼロになるからです。ここはしっかりとイメージできるようにしてくださいね。

この時，ベクトル場 $\vec{E} + \partial \vec{A}/\partial t$ はスカラーポテンシャル $\varnothing$ を用いて以下のように表されます。

$$\vec{E} + \frac{\partial \vec{A}}{\partial t} = -\vec{\nabla}\varnothing$$

$$\vec{E} = -\vec{\nabla}\varnothing - \frac{\partial \vec{A}}{\partial t} \tag{5.9}$$

この式，最初に電磁気学の授業で習ったときは $\vec{E} = -\vec{\nabla}\varnothing$ となっていましたよね？ はじめは電界 $\vec{E}$ のみ存在する場合のみを扱っていたためです。今回のように，**磁束密度 $\vec{B}$ を含めた「一般的な場」の解析ではベクトルポテンシャル $\vec{A}$ を含んだ項も追加される**ということを覚えておいてください。すなわち，任意のポテンシャル $(\vec{A}, \varnothing)$ が存在したとします。これらのポテンシャルに対して式 (5.7) と式 (5.9) によって決定される磁束密度 $\vec{B}$ と電界 $\vec{E}$ が存在する時，これらは常にマクスウェル方程式の式 (5.2) と式 (5.4) を満たすことになります。**もっと平たく言うと，「$\vec{B}$ と $\vec{E}$ はポテンシャル $(\vec{A}, \varnothing)$ で書き表すことが出来て，これらは（当然ながら）マクスウェル方程式を満たします」**ということを言っています。

それでは，さらに式変形を進めていきましょう。式 (5.3)，式 (5.7)，式

(5.9) を組み合わせてみます。式 (5.5) が示すように，磁界 $\vec{H}$ と磁束密度 $\vec{B}$ の関係式から，

$$\vec{H} = \frac{1}{\mu_0} \vec{B} \tag{5.5}'$$

となりますが，これに式 (5.7) を代入すると

$$\vec{H} = \frac{1}{\mu_0} \vec{\nabla} \times \vec{A} \tag{5.10}$$

となり，さらに両辺の回転（rot）を取ると，

$$\vec{\nabla} \times \vec{H} = \vec{\nabla} \times \left\{ \frac{1}{\mu_0} \vec{\nabla} \times \vec{A} \right\} = \frac{1}{\mu_0} \left\{ \vec{\nabla} \times \vec{\nabla} \times \vec{A} \right\} \tag{5.11}$$

となりますので，式 (5.3) の右辺とから，

$$\vec{\nabla} \times \vec{H} = \frac{1}{\mu_0} \left\{ \vec{\nabla} \times \vec{\nabla} \times \vec{A} \right\} = \vec{J_E} + \vec{J_{ed}} \tag{5.12}$$

と書き表せます。

次に式 (5.12) の右辺にある $\vec{J_{ed}}$ を式変形します。上に挙げた式 (5.6) の右辺に，式 (5.9) を代入すると，

$$\vec{J_{eddy}} = \sigma \vec{E} = \sigma \left(-\vec{\nabla}\varnothing - \frac{\partial \vec{A}}{\partial t} \right) = -\sigma \left(\vec{\nabla}\varnothing + \frac{\partial \vec{A}}{\partial t} \right) \tag{5.13}$$

となります。

これを式 (5.12) に代入すると，

$$\frac{1}{\mu_0} \left\{ \vec{\nabla} \times \vec{\nabla} \times \vec{A} \right\} = \vec{J_E} - \sigma \left(\vec{\nabla}\varnothing + \frac{\partial \vec{A}}{\partial t} \right) \tag{5.14}$$

と求まります。

ところで先ほど述べたように，式 (5.14) において電流密度 $\vec{J_E}$ は既に値が分かっています。そうなると，この方程式はポテンシャル $(\vec{A}, \varnothing)$ を求める偏微分方程式ということになりますが，上記の方程式では解が 1 つに求まりません。すなわち，

$$\vec{A} = \vec{A_1} \tag{5.15}$$

153

$$\vec{A} = \vec{A_1} + \vec{\nabla} \varnothing_1 \tag{5.16}$$

の 2 つがどちらも式 (5.14) の解として考えられてしまうからです。なぜなら式 (5.16) を式 (5.14) に代入すると，下記のように結局同じ形になるためです（式 (5.15) の場合は明らか）。

$$\frac{1}{\mu_0} \left\{ \vec{\nabla} \times \vec{\nabla} \times \left(\vec{A_1} + \vec{\nabla} \varnothing_1 \right) \right\} = \vec{J_E} - \sigma \left(\vec{\nabla} \varnothing + \frac{\partial}{\partial t} \left(\vec{A_1} + \vec{\nabla} \varnothing_1 \right) \right)$$

$$\frac{1}{\mu_0} \left\{ \vec{\nabla} \times \vec{\nabla} \times \vec{A_1} + \vec{\nabla} \times \vec{\nabla} \times \left(\vec{\nabla} \varnothing_1 \right) \right\} = \vec{J_E} - \sigma \left(\vec{\nabla} \varnothing + \frac{\partial \vec{A_1}}{\partial t} + \frac{\partial \left(\vec{\nabla} \varnothing_1 \right)}{\partial t} \right)$$

$$\frac{1}{\mu_0} \left\{ \vec{\nabla} \times \vec{\nabla} \times \vec{A_1} + 0 \right\} = \vec{J_E} - \sigma \left(\vec{\nabla} \varnothing + \frac{\partial \left(\vec{\nabla} \varnothing_1 \right)}{\partial t} + \frac{\partial \vec{A_1}}{\partial t} \right)$$

$$\frac{1}{\mu_0} \left\{ \vec{\nabla} \times \vec{\nabla} \times \vec{A_1} \right\} = \vec{J_E} - \sigma \left(\vec{\nabla} \varnothing + \vec{\nabla} \frac{\partial \varnothing_1}{\partial t} + \frac{\partial \vec{A_1}}{\partial t} \right)$$

$$\frac{1}{\mu_0} \left\{ \vec{\nabla} \times \vec{\nabla} \times \vec{A_1} \right\} = \vec{J_E} - \sigma \left\{ \vec{\nabla} \left(\varnothing + \frac{\partial \varnothing_1}{\partial t} \right) + \frac{\partial \vec{A_1}}{\partial t} \right\}$$

$$\frac{1}{\mu_0} \left\{ \vec{\nabla} \times \vec{\nabla} \times \vec{A_1} \right\} = \vec{J_E} - \sigma \left\{ \vec{\nabla} \varnothing' + \frac{\partial \vec{A_1}}{\partial t} \right\} \tag{5.17}$$

ただし，$\vec{\nabla} \times \left(\vec{\nabla} \varnothing_1 \right) = 0$ 及び $(\varnothing + \partial \varnothing_1 / \partial t) \equiv \varnothing'$ としています。

このように，解が一意に定まらない時に適用する条件式が 2 つあります。

$$\vec{\nabla} \cdot \vec{A} = 0 \tag{5.18}$$

$$\vec{\nabla} \cdot \vec{A} = -\mu_0 \sigma \varnothing \tag{5.19}$$

上記の式 (5.18) 及び式 (5.19) をそれぞれ，「クーロンゲージ条件」，「ローレンツゲージ条件」と呼びます。すなわち，ベクトルポテンシャル $\vec{A}$ の発散（div）をとることで解が一意に求まることになります。どちらの条件を適用させて解くかは扱う解析対象によりますし。これらの条件適用に関する詳細は他の参考書に譲りますが，本書では式 (5.18) の「クーロンゲージ条件」を使用して解析を行います。

以上から式 (5.14) に対して，式 (5.18) もしくは式 (5.19) を連立させて解く手法が A-Φ 法です。

しかし，読者の皆さんは「なんかよく分からんけど，複雑な偏微分方程

式が出てきたな…」と思うのではないでしょうか？ そもそもせっかく冒頭で式 (5.1)，すなわち $\vec{\nabla} \times \vec{B} = \mu_0 \vec{J}$ を出したのに，何でこんな見かけが複雑そうなベクトルの偏微分方程式など導く必要があるのでしょうか？少しこの式の意味を考えてみましょう。

今までの方程式を思い出してください。すなわち磁束密度 $\vec{B}$ と電界 $\vec{E}$ は

$$\vec{B} = \vec{\nabla} \times \vec{A} \tag{5.7 再掲}$$

$$\vec{E} = -\vec{\nabla}\varnothing - \frac{\partial \vec{A}}{\partial t} \tag{5.9 再掲}$$

と表され，さらに渦電流密度 $\vec{J_{ed}}$ は，

$$\vec{J_{ed}} = -\sigma \left(\vec{\nabla}\varnothing + \frac{\partial \vec{A}}{\partial t} \right) \tag{5.13 再掲}$$

と求められます。すべてポテンシャル $(\vec{A} , \varnothing)$ によって構成されていることが分かりますよね？ つまりは，**「ある条件下でのポテンシャル $(\vec{A} , \varnothing)$ を求めてしまえば，磁束密度 $\vec{B}$，電界 $\vec{E}$，渦電流密度 $\vec{J_{ed}}$ が一気にベクトル演算で求まる」** ということになり，**「いちいちマクスウェル方程式を個別に解かなくてもよい」** というのがこの「磁気ベクトルポテンシャル法（A-Φ 法）」の大きなポイントです。ベクトル演算や時間微分が面倒だと思うかもしれませんが，それは「計算機（コンピュータ）」が行ってくれるので問題ありません（笑）。

以上を踏まえて，次項で今回行う解析に合わせて式 (5.14) と式 (5.18) をカスタマイズしていきましょう。

5.2　二次元静磁界解析への適用

それでは，今回行う「バルクに流れる電流密度の推定」という目的に合わせて解析条件を考えていきましょう。本解析の条件として，

条件 1．バルクの周囲に時間変化する外部磁界は存在しない

155

条件 2.　バルクは冷媒で十分に冷却されており，バルク自身の温度変化
　　　　及び発生磁束密度の時間変化はない

条件 3.　バルク内を流れる電流は一定値であり，流れる方向は $\varnothing$ 方向に
　　　　一様である（図 5.2）

条件 4.　バルクを正面（rz 平面）から見ての二次元軸対称解析を行う
　　　　（図 5.2）

とします。ただし，冒頭の図 5.1 の座標軸と異なることに注意してください。

　これらの条件を踏まえて，式 (5.14) を再掲します。

$$\frac{1}{\mu_0}\left\{\vec{\nabla}\times\vec{\nabla}\times\vec{A}\right\} = \vec{J_E} - \sigma\left(\vec{\nabla}\varnothing + \frac{\partial\vec{A}}{\partial t}\right) \tag{5.14 再掲}$$

まず，最初の条件 1 を適用します。「時間変化する外部磁界は存在しない」ということは，**バルクには渦電流が流れない**ということになります。つまり，式 (5.14) の第二項が 0 となります。すなわち下記のようになります。

$$\frac{1}{\mu_0}\left\{\vec{\nabla}\times\vec{\nabla}\times\vec{A}\right\} = \vec{J_E} \tag{5.20}$$

ここで，式 (5.20) の{}内はベクトル解析の定義より，

$$\vec{\nabla}\times\vec{\nabla}\times\vec{A} = \vec{\nabla}\left(\vec{\nabla}\cdot\vec{A}\right) - \nabla^2\vec{A} \tag{5.21}$$

となりますが，ここで式 (5.18) の「クーロンゲージ条件 $\vec{\nabla}\cdot\vec{A}=0$」を適

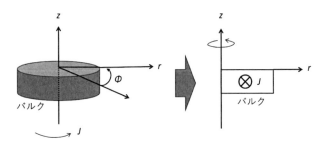

図 5.2　バルクの二次元軸対称解析イメージ

用して

$$\vec{\nabla} \times \vec{\nabla} \times \vec{A} = -\nabla^2 \vec{A} \tag{5.22}$$

となるので，式 (5.20) に式 (5.22) を代入して

$$-\frac{1}{\mu_0} \nabla^2 \vec{A} = \vec{J_E}$$

すなわち

$$\vec{J_E} = -\frac{1}{\mu_0} \nabla^2 \vec{A} \tag{5.23}$$

が導かれます。ずいぶんとシンプルな形になりましたね。では，条件 3 及び条件 4 をもとに，COMSOL にて式 (5.23) を用いた二次元解析を行う場合に関して考えてみましょう。

　ただし今回は二次元解析ではあるのですが，**バルク自体が円柱の形をしていて，「軸対称」である**と考えられますので，今回は**「円筒座標系 (r, φ, z)」**を用いて考えていきましょう。円筒座標系のベクトル演算に関しては，様々な参考書やインターネット検索で確認して下さい。

　まず式 (5.23) は，図 5.2 及び条件 3 により $\varnothing$ 成分のみとなるので，

$$\vec{J_E} = -\frac{1}{\mu_0} \nabla^2 \vec{A}$$

$$
\begin{aligned}
J_{Er}\hat{\boldsymbol{r}} + J_{E\varnothing}\hat{\varnothing} + J_{Ez}\hat{z} = &-\frac{1}{\mu_0}\left\{\frac{1}{r}\frac{\partial}{\partial r}\left(r\frac{\partial A_r}{\partial r}\right) + \frac{1}{r^2}\frac{\partial^2 A_r}{\partial \varnothing^2} + \frac{\partial^2 A_r}{\partial z^2}\right\}\hat{\boldsymbol{r}} \\
&-\frac{1}{\mu_0}\left\{\frac{1}{r}\frac{\partial}{\partial r}\left(r\frac{\partial A_\varnothing}{\partial r}\right) + \frac{1}{r^2}\frac{\partial^2 A_\varnothing}{\partial \varnothing^2} + \frac{\partial^2 A_\varnothing}{\partial z^2}\right\}\hat{\varnothing} \\
&-\frac{1}{\mu_0}\left\{\frac{1}{r}\frac{\partial}{\partial r}\left(r\frac{\partial A_z}{\partial r}\right) + \frac{1}{r^2}\frac{\partial^2 A_z}{\partial \varnothing^2} + \frac{\partial^2 A_z}{\partial z^2}\right\}\hat{z}
\end{aligned}
$$

となり最終的に，

$$J_{E\varnothing}\hat{\varnothing} = -\frac{1}{\mu_0}\left\{\frac{1}{r}\frac{\partial}{\partial r}\left(r\frac{\partial A_\varnothing}{\partial r}\right) + \frac{1}{r^2}\frac{\partial^2 A_\varnothing}{\partial \varnothing^2} + \frac{\partial^2 A_\varnothing}{\partial z^2}\right\}\hat{\varnothing} \tag{5.24}$$

となります。ただし $\hat{r}, \hat{\varnothing}, \hat{z}$ は円筒座標系における単位ベクトルです。また条件 3 にあるように，$\varnothing$ 方向に一様ということは，「$\varnothing$ 方向には変化がない」ということになるので，最終的に

$$J_{E\varnothing}\hat{\varnothing} = -\frac{1}{\mu_0}\left\{\frac{1}{r}\frac{\partial}{\partial r}\left(r\frac{\partial A_\varnothing}{\partial r}\right) + \frac{\partial^2 A_\varnothing}{\partial z^2}\right\}\hat{\varnothing} \tag{5.25}$$

と求まります。

また，式 (5.7) の $\vec{B} = \vec{\nabla}\times\vec{A}$ ですが，条件 3「$\varnothing$ 方向に一様」であること及び，条件 4 に示すように「二次元解析は rz 平面」で行いますので磁束密度 $\vec{B}$ は，

$$\begin{aligned}
B_r\hat{r} + B_\varnothing\hat{\varnothing} + B_z\hat{z} &= \left(\frac{1}{r}\frac{\partial A_z}{\partial \varnothing} - \frac{\partial A_\varnothing}{\partial z}\right)\hat{r} + \left(\frac{\partial A_r}{\partial z} - \frac{\partial A_z}{\partial r}\right)\hat{\varnothing} \\
&\quad + \frac{1}{r}\left\{\frac{\partial}{\partial r}(rA_\varnothing) - \frac{\partial A_r}{\partial \varnothing}\right\}\hat{z} \\
B_r\hat{r} + B_z\hat{z} &= \left(\frac{1}{r}\frac{\partial A_z}{\partial \varnothing} - \frac{\partial A_\varnothing}{\partial z}\right)\hat{r} + \frac{1}{r}\left\{\frac{\partial}{\partial r}(rA_\varnothing) - \frac{\partial A_r}{\partial \varnothing}\right\}\hat{z}
\end{aligned}$$
$$\tag{5.26}$$

となります。

5.3　COMSOL によるモデル化と解析

以上をまとめて二次元の有限要素法解析を行う際の解析モデルと各部分に適用する方程式の関係を示したのが図 5.3 となります。バルクの周辺を囲む半円の空気領域の円弧部分は，「解析系が半円内で閉じている」という意味で磁気絶縁を適用します。

ここからは COMSOL による解析を行っていきます。前項で導いた方程式をしっかりと頭に入れながら作業を行ってください。解析モデル作成の際には，数値や物理条件の入力間違いにくれぐれも気を付けてください。

(1)　COMSOL を開いたら，まずは「モデルウィザード」をクリックします。

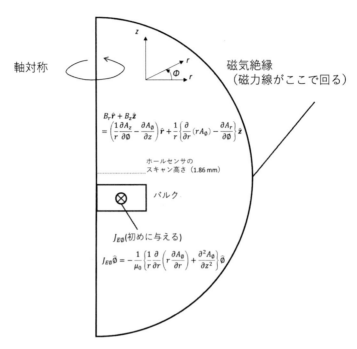

図 5.3　第 5 章で行う解析におけるモデルと各方程式の適用イメージ

手順 (1)

(2)　今回は 2 次元軸対称解析を行いますので，「2D 軸対称」をクリックしてください。

手順 (2)

「2D軸対称」をクリック

(3)　次にフィジックス選択で「磁場（mf）」を選択して「追加」をクリックします。この時，磁気ベクトルポテンシャル A の成分が右側に表示されますが，成分が円筒座標系（r, ϕ, z）の成分であるかを確認して，「スタディ」をクリックしてください。

(4)　スタディ画面で「定常」を選択して「完了」をクリックしてください。

手順 (3)

フィジックス選択

フィジックスインターフェースをレビュー

① 「AC/DC」
↓
「電磁場」
↓
「磁場（mf）」をクリック

② 「追加」をクリック

③ 磁気ベクトルポテンシャルA
の成分が円筒座標系の成分
となっていることを確認

④ 「スタディ」をクリック

手順 (4)

スタディ選択

① 「定常」をクリック

② 「完了」をクリック

(5)　モデル編集・解析のユーザインターフェース画面が開きました。

手順 (5)

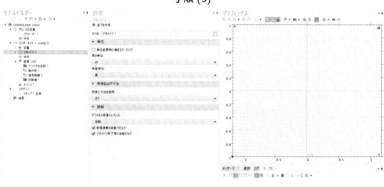

(6)　これからモデリングを行っていきますが，まずは長さ単位を「m」から「mm」に変更してください。ただし，必ずしも mm にしなければいけないことはないので，解析する対象や自身の使いやすい単位に設定してください。

(7)　それでは，まず解析モデルの概形を作成していきます。「ジオメトリ 1」を右クリックし，「円」を選択してください。

手順 (6)

長さ単位を「m」から「mm」に変更

手順 (7)

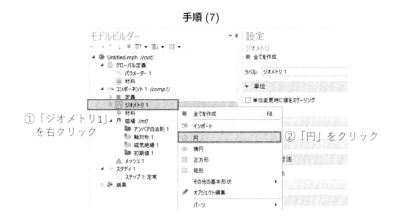

① 「ジオメトリ 1」を右クリック

② 「円」をクリック

(8) 円の編集画面が設定に表示されますので，ラベルに「空気領域」と入力します。そして半径の部分に「500 」と入力して「選択対象を作成」をクリックます。バルクが直径 46 mm に対して大きく感じるかもしれませんが，磁力線が十分に広い領域でループを描くこ

163

とが出来るようにするために，大きめの空気領域を作成します。

手順 (8)

(9)　空気領域の円が作成されました。

(10)　では次にバルク部分の作成です。再び「ジオメトリ1」を右クリックし，今度は「矩形」を選択してください。

手順 (9)

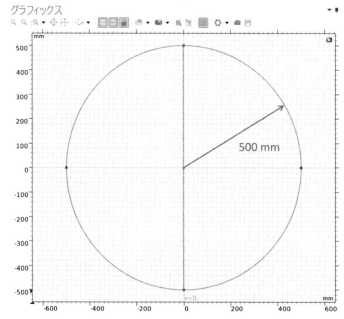

手順 (10)

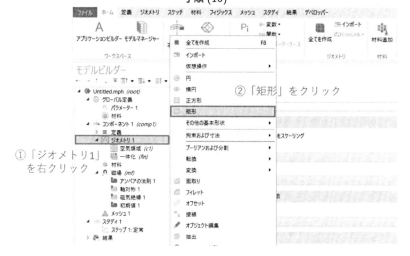

165

(11)　設定画面にてラベルに「バルク」と入力した後，バルクの寸法
（片側幅 23 mm，高さ 10 mm）を入力してかつ，位置の z 座標に
「-10」と入力してください。この位置にすることで，バルク表面が
$z = 0$ mm の高さに来ることになり，磁束密度分布のプロット時の
高さの設定がしやすくなります。

手順 (11)

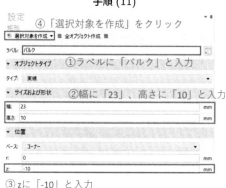

(12)　上記で「選択対象を作成」をクリックすると，図のような形状が作
成されます。

(13)　ここからは「軸対称モデル」にするためのドメインを作成します。
まず，「ジオメトリ 1」を右クリックして，再び「矩形」を選択して
ください。

手順 (12)

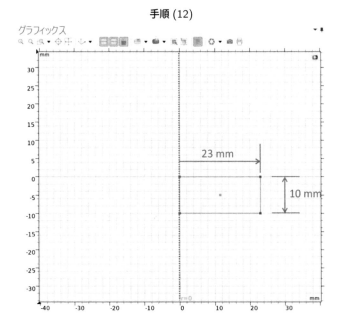

手順 (13)

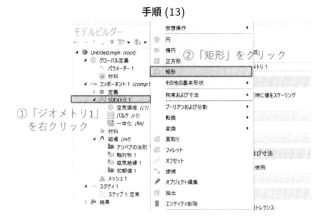

(14) 矩形の設定画面では，幅 500 mm かつ高さ 1000 mm と入力し，矩形の左下の頂点が (0, -500) に来るようにします。

手順 (14)

(15) 上記で最後に「選択対象を作成」をクリックすると，図のような図形になります。

(16) ここから，この図形をうまく編集して，右半分の半円とバルク形状のみが残るようなモデル形状にします。「ジオメトリ 1」を右クリックしたら「ブーリアン及び分割」にカーソルを合わせて，横に表示されるリスト中の「交差」をクリックしてください。

手順 (15)

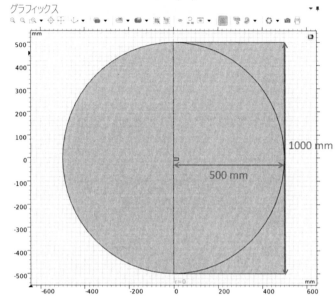

手順 (16)

① 「ジオメトリ1」を右クリック

② 「ブーリアンおよび分割」→「交差」をクリック

169

(17)　ここで，図に示したように左側の半円部分と，右下の長方形のエリアをクリックしてください。その後，「選択対象を作成」をクリックしてください。

手順 (17)

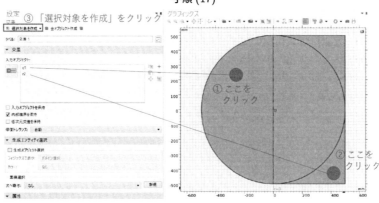

(18)　下のような解析モデルになりました。つまり最後に，「複数の図形の中で重なり合った部分のみを残す」ということを行いました。

　　これで解析を行うための「入れ子」の作成は終わったので，次からは物理的な条件をあれこれ当てはめていきます。

(19)　まず始めに，「磁場（mf）」をクリックし，右の設定画面上の「離散化」という場所で，磁気ベクトルポテンシャルの次数を「3 次」に設定します。これにより解析後のプロット波形のガタつきをなくすことが出来ます。

手順 (18)

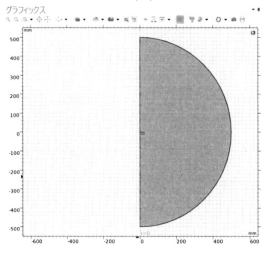

手順 (19)

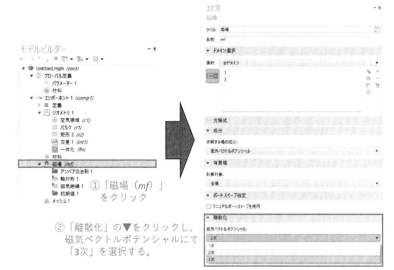

①「磁場 (*mf*)」
をクリック

②「離散化」の▼をクリックし、
磁気ベクトルポテンシャルにて
「3次」を選択する。

171

(20)　続いて，バルク部分に与える電流密度の設定を行います。「磁場
　　　（*mf*）」を右クリックし，「外部電流密度」を選択してください。

手順 (20)

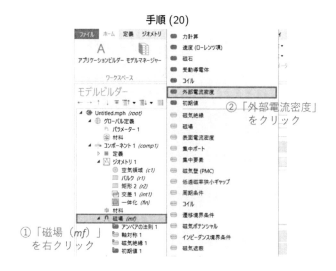

(21)　設定画面が開いたら，バルクの部分をクリックしてください（図で
　　　はバルクをクリックするために，モデルのバルク部分を拡大して
　　　います。）。そして，「外部電流密度」とある部分で真ん中の「phi」
　　　と書かれた部分に「1.1e8」と入力します。

(22)　次に，「アンペアの法則 1」をクリックし，比透磁率，導電率，比誘
　　　電率の 3 つの設定を行います。それぞれを「ユーザー定義」にし
　　　て，上から順に 1, 0, 1 を入力してください。これで一通り物理的
　　　な条件の割り当ては終了しました。
　　　　ちなみに図 5.3 に示した「磁気絶縁」は既に「磁気絶縁 1」と書
　　　かれている部分で既に自動的に設定がされています。

手順 (21)

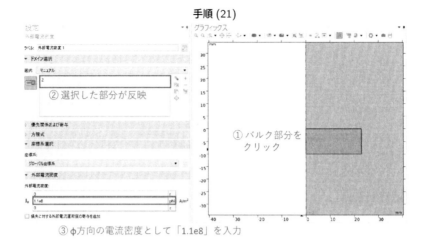

③ φ方向の電流密度として「1.1e8」を入力

手順 (22)

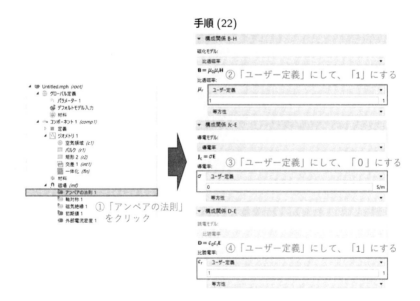

(23) ここではメッシュの作成を行います。「メッシュ 1」をクリックし，
横の設定画面の「シーケンスタイプ」という部分にて，「フィジッ

クス制御メッシュ」を「ユーザー制御メッシュ」に変更してくださ
い。これでメッシュサイズを自身で変えられます。

手順 (23)

(24)　上記を行うと，メッシュ 1 の下に，「サイズ」と「フリーメッシュ 3
　　　角形 1」という項目が作成されますので，これをクリックして「ド
　　　メイン選択」の部分で「残りの領域」を「ドメイン」に変更してく
　　　ださい。

(25)　ドメインを選択すると，図のような画面に変わりますので，グラ
　　　フィックス画面でバルク部分をクリックし，左側の設定画面にて
　　　バルクのドメイン番号（本書では 2）が反映されたことを確認して
　　　ください。

手順 (24)

手順 (25)

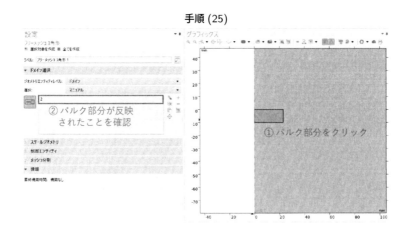

(26) 再度,「メッシュ1」を右クリックし,「フリーメッシュ3角形」を選択してください。

手順 (26)

(27)　設定画面が開きますので，「残りの領域」となっていることを確認
してください。ここで示す残りの領域というのは，「空気領域」を
指しています。

(28)　次に「サイズ」をクリックし，設定画面にて「カスタム」をチェッ
クした後，最大要素サイズの部分に「5」，最小要素サイズの部分に
「0.3」を入力し，最後に「全てを作成」をクリックします。この部
分は解析する対象内をどの位細かく分析した以下によって変わって
きます。それぞれの目的に応じて数値を入力して解析を行って
ください。

手順 (27)

設定
フリーメッシュ 3角形
◈ 選択対象を作成 ◼ 全てを作成
ラベル: フリーメッシュ 3角形 2

▼ ドメイン選択

ジオメトリエンティティレベル: 残りの領域

「残りの領域」となっていることを確認

▷ スケールジオメトリ
▷ 制御エンティティ
▷ メッシュ分割
▼ 情報

最終構築時間: 構築なし

手順 (28)

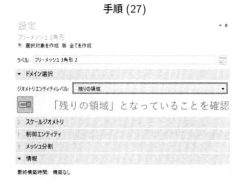

設定
サイズ   ⑤「全てを作成」をクリック
◈ 選択対象を作成 ◼ 全てを作成
ラベル: サイズ

要素サイズ

次で校正:
一般物理
○ 既定   個めて細かい   ②「カスタム」をチェック
◉ カスタム

▼ 要素サイズパラメーター

最大要素サイズ: ③「5」を入力
5   mm
最小要素サイズ: ④「0.3」を入力
0.3   mm
最大要素成長率:
1.1
曲率因子:
0.2
狭小領域解像度:
1

▦ アンペアの法則 1
🗎 軸対称 1
▦ 磁気絶縁 1
▦ 初期値 1
▦ 外部電流密度 1
▲ ◬ メッシュ 1
    ◱ サイズ
    ◲ フリーメッシュ 3角形 1
    ◲ フリーメッシュ 3角形 2
▲ ∿ スタディ 1
    ⌐ ステップ 1: 定常

①「サイズ」をクリック

(29) 上記の手順によりかなり細かくメッシュが作成されました。バル
　　 クの部分を拡大していますが，横方向に5メッシュ分，縦方向に3
　　 メッシュ分に分割されている事が分かります。

手順 (29)

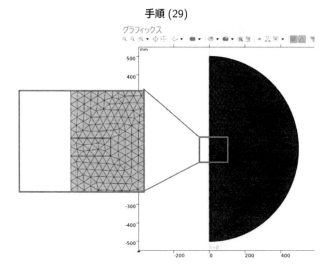

(30) では，いよいよ計算を行います。「スタディ 1」を右クリックして，
「計算」の部分をクリックしてください。

手順 (30)

(31) 計算が終わると，図のような磁束密度分布と磁力線が表示されます。今回与えた電流密度（1.1e8 A/m^2）では，バルク中心部が 1.4 T 程度であることが分かります。

手順 (31)

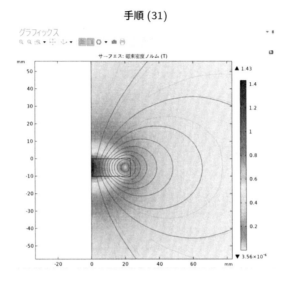

(32) では，実験結果の位置（バルク表面から 1.36 mm 直上）における磁束密度分布をプロットしていきましょう。まず「データセット」を右クリックし，「カットライン 2D」をクリックしてください。

(33) 設定画面でプロットする位置を設定します。すなわちバルク表面 1.36 mm の位置を，バルク中心から端部までプロットしたいので，$0 \leqq r \leqq 23$ かつ，$z = 1.36$ となるように数字を入力してください。

手順 (32)

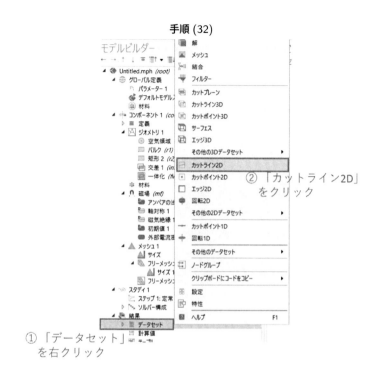

① 「データセット」
　を右クリック

② 「カットライン2D」
　をクリック

手順 (33)

② 「プロット」をクリック

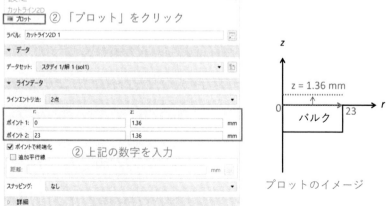

② 上記の数字を入力

プロットのイメージ

(34) 上記の作業後に「プロット」を押すと，図が出てきます。手順 (33)
に示したイメージ図と同じですよね？

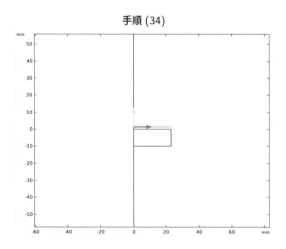

手順 (34)

(35) プロットする位置が決まったので，実際にグラフを描いていきま
しょう。「結果」を右クリックし，「1D プロットグループ」を選択
します。

(36) リスト中に「1D プロットグループ」という項目が作成されますの
で，これを右クリックして「ライングラフ」をクリックしてくだ
さい。

手順 (35)

手順 (36)

(37) 設定画面にて，データセットの部分で先ほどプロット位置を設定した「カットライン 2D 1」を選択し，さらにその下の式の部分で「mf.Bz」と入力してください。これで，「プロット」をクリックすれば完成です。

手順 (37)

(38) バルク表面から 1.36 mm 直上かつ，バルク片側 23 mm 分の磁束密度分布がプロット出来ました。

(39) このグラフを点列として出力する方法を 1 つ紹介します。まず，「ライングラフ 1」を右クリックし，表示リストから「プロットデータをテーブルへコピー」をクリックします。すると，「テーブル」という項目の下に「テーブル 1」という項目が作成されます。

手順 (38)

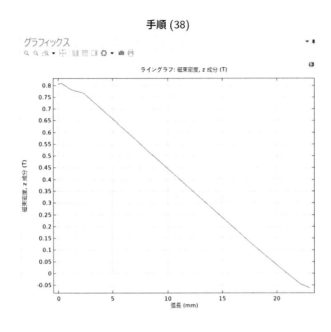

手順 (39)

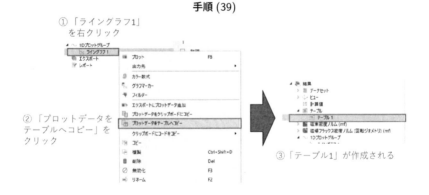

(40)　上記のテーブル 1 は，グラフがプロットされている画面の真下に「テーブル 1」という名前のタブが作成されていて，これを選択してコピーして表計算ソフトなどに貼り付ければ，点列を別のソフトにコピーしてグラフ描画・編集等が出来ます。

手順 (40)

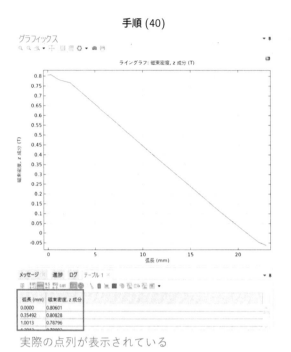

実際の点列が表示されている

　5.4 節では得られた結果に対して，解析結果と実験結果の比較と考察を行っていきます。

5.4　解析結果における着目点

　以上の作業を行った上で，第 2 章における実験結果と，今回行った COMSOL による「バルク内電流密度が一定」という条件での解析結果の比較を図 5.4 に示します。バルクの端部（$x = 23$ mm）から $x = 10$ mm までは割合よく一致していますが，$x = 10$ mm 以降からピーク値となるバルク中心部（$x = 0$ mm）にかけて大きく値がずれていってしまいますよね？　そうなんです。図 5.4 の実験結果が示すように，実際にはバルク中の電流密度分布はもっと不均一で，一様にはなりません。よってビーン

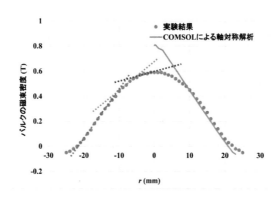

図 5.4　バルクの捕捉磁束密度の実験結果と解析結果の比較

モデルのような仮定では，着磁されたバルクによって作られる磁束密度分
布の概形を細かく表現するのは難しいということです。これが，ビーンモ
デルが「近似モデル」であるという所以です。

　では，どのようにすればさらに実験結果の概形に近づけることが出来る
のでしょうか？　そもそも磁束密度と，電流密度の関係がどのようなもの
であったか覚えていますか？　第 3 章の式 (3.22) にあるように，電流密度
J は磁束密度 B の「傾き」です。よって，図 5.4 の左半分に示した点線の
直線 3 つが示すように，直線でカバーするエリアを細かく分割してその
中に異なる電流密度を与えていくことで，より実際に近いバルク内の電
流密度分布を知ることが出来ます。例えば図 5.4 の場合，バルクの内側
($r = 0$) へ向かうほど，直線の傾きが小さくなっていきますので，内側ほ
どバルク中に流れている電流密度の値が小さくなっていくことが予測でき
ます。

　それでは，バルク内を図 5.5 (a) に示すような 2 つの区画に分けて考え
てみましょう。前述のように，磁束密度分布はバルクから内側の頂点に近
づく ($r→0$) ほど接線の傾きが小さくなっていきます。よって，内側ほど
電流密度が小さくなっていくため，図 5.5 (a) に示すように内側の電流密
度を $0.7×10^8$ A/m^2，外側を $1.1×10^8$ A/m^2 と設定した場合の磁束密度
分布を図 5.5 (b) に実線で示します。電流密度の区画を分割すると，バル

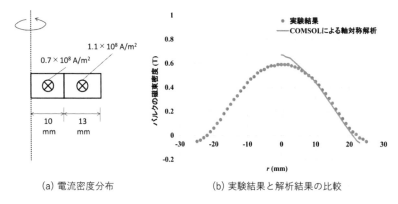

(a) 電流密度分布　　　　　　　　(b) 実験結果と解析結果の比較

図 5.5　バルク内の電流密度分布を 2 区画に分けた際の磁束密度分布

ク端部から $r = 5$ mm 位まで先程より合ってきましたよね？　ただし，ま
だ $r = 0$ mm 付近のピーク値にずれがあります。

　では更に細かく，3 分割してみることにしましょう。図 5.6 (a) に示すよ
うに，$r = 0$ から 5 mm の位置でさらに分割して，3 つの区画にそれぞれ電
流密度（原点側から 0.25×10^8 A/m^2, 0.7×10^8 A/m^2, 1.1×10^8 A/m^2,）
を与えて実験結果とフィッティングしたのが図 5.6 (b) です。

　バルク部分の幅 23 mm のうち，21 mm 程度までがフィッティング出
来ました。つまり今回の解析結果により，**第 2 章で実験を行った時に着
磁されたバルク中に流れていた電流密度として，中心付近は 107 A/m^2
オーダーの電流が流れ，$r = 10$ mm 以降から端部にかけては，最大
1.1×108A/m^2 程度の電流が流れていた**と推測できます。端部の方は若
干のずれがありますが，ほぼほぼバルク全域に流れる電流密度の分布を推
測出来たと言えるのではないでしょうか。

　このように，得られた磁束密度分布から電流密度を推測する手法を「**逆
問題解析**」と言います。

　それでは，最後に本解析で行っていた内容を，手順を追ってまとめてみ
ます。まずは天下り的に手を動かして一通り行ってみることで全然かまい
ません。一度本章の内容を，手を動かして行ってみた後に，この部分を見
直して各手順でどのようなことを行っていたのかをもう一度確認しながら

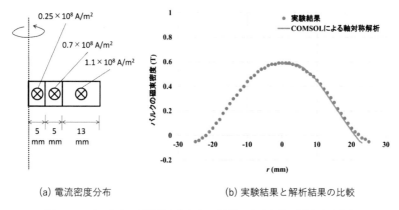

(a) 電流密度分布　　　　　　　　　　(b) 実験結果と解析結果の比較

図 5.6　バルク内の電流密度分布を 3 区画に分けた際の磁束密度分布

進めてみてください。

【手順 (1)-(4)：解析手法の選択と条件設定】

このプロセスでは，解析しようとする物理現象をどのように解析するかを選択しました。

▶ 手順 (1)-(2)：次元の選択 → 二次元軸対象を選択
▶ 手順 (3)-(4)：解析内容を選択 → 静磁界中における定常解析を選択

【手順 (5)-(18)：幾何形状の作成】

これから行っていく解析対象（バルク及び空気領域）の描画を行いました。すなわち，物理的な条件やメッシュを設定するための「入れ子」を作りました。

▶ 手順 (5)-(9)：空気領域の作成
▶ 手順 (10)-(12)：バルク形状の作成
▶ 手順 (13)-(18)：軸対象解析モデルへの成形

【手順 (19)-(22)：物理条件の設定】

前の手順で描いた幾何的な形状に「物理的な意味」を持たせていきました。

▶ 手順 (19)：磁気ベクトルポテンシャルの次数の設定

▶ 手順 (20)-(21)：バルク中の電流密度 J_e の設定

▶ 手順 (22)：物理定数の設定（比透磁率，導電率，比誘電率の設定）

【手順 (23)-(29)：メッシュ条件の設定】

ここでは，解析精度等に直接関わってくるメッシュの大きさを設定しました。

【手順 (30)-(40)：解析結果のポスト処理】

本プロセスでは，解析結果を得た後のポスト処理として，電流密度分布と磁力線分布を表示する方法を示しました。

▶ 手順 (30)-(31)：解析結果の取得

▶ 手順 (32)-(38)：指定の位置における磁束密度分布のプロット

▶ 手順 (39)-(40)：グラフの点列データの出力

これは余談ですが⑤　研究テーマはどのように思いつく？

　大学生活も 4 年になり，卒業研究を行うためにそれぞれ研究室に配属が決まると，当然ながら各自に研究テーマが割り振られます。そのプロセスはどうであれ，自身がやりたい，もしくは面白そうと思えるテーマに当たることもあれば，不本意ながらそうでない場合もあるでしょう。こればかりは「運」もありますので，どんな場合でも自分に割り当てられたテーマ（分野）のエキスパートになり，面白い研究にしてやろうという気概を持って取り組んでください。

　ところで，この研究テーマがどのようにして生まれてくるのか，著者は学生時代から疑問に思っていました。そもそも卒論生が 2-3 名（つまり 3 テーマ）でもなかなかですが，40 人くらい学生がいる大所帯の研究室の場合は 40 テーマもどうやって指導教員の先生は思いついているのだろうかと…。著者自身が学生を指導する側になって分かってきたことですが，これはその時の研究分野のトレンドであったり，研究室の研究資金が絡んでいたりと色々あります。著者が思うに以下のパターンがあるようです。

1. （論文や本を読み，学会等での情報収集を通して）指導教員自身が思いつく
2. 外部から技術相談，共同研究で提案される
3. 自身が配属になる前からのテーマを引き継ぐ

　1 に関しては言わずもがなですね。教員自身が思いつくパターンです。教員が学会に参加したり文献を読んだりし，それらに加えて自身の経験から「これはいけるかも」や「やったら面白そう」というインスピレーションが湧いてきて，少しずつ形になるパターンです。これが出来るようになるには，常に情報のアンテナを周囲に張りつつ自分の専門性を磨き，何度も学会発表や他の研究者の発表の聴講を繰り返す必要があります。

　2 に関しては自身で思いつくのではなく，学会参加中に知り合った他の大学の先生方や，企業の方々から現在進めているもしくは立ち上

げようとしている研究開発案件において，自身の持っている専門分野の知識や経験で手伝ってもらいたいと相談を持ち込まれるパターンです。いわゆる「共同研究」というのがこのタイプに当たります。自分自身がある分野のスペシャリストであり，その知識や経験が大きなプロジェクトの中で活かせるという，ある意味研究者としての醍醐味であると言えるでしょう。

　3は学生さんが研究室配属になった場合によくあるパターンですが，自分自身が配属された際に，入れ替わりで卒業していった先輩の研究を引き継いで更に発展させていくというパターンです。著者が修士課程で現在の研究室へ来た際も，このパターンでした。先輩たちが残した色々なノウハウ（実験装置，プログラムコード，etc. …）を，卒業/修士/博士論文や資料を読みながら進めていくことになりますが，引継ぎがうまくいかないと「なぜこの数値を使ったのか？」，「実験に使ったサンプルや部品はどこへ行ったのか？」などとあれこれ走り回らなければいけないことになります…。

　上記のように色々なパターンが存在しますが，時系列順に並べてみると，同時期にスタートしたテーマは2-3個程度で，それらが何年かすると見かけ上，いくつも数のプロジェクトが同時進行していて，それを指導する先生方がテーマを一気に十個近くも同時に思いついたように見えるというのがカラクリです。もちろんいくつものテーマを同時に思いついてしまうという，恐ろしい発想力の先生方も数多くいらっしゃいますが…。

　著者の場合は，博士号を取った後に研究者としては3年弱のブランク（企業勤め）があったのですが，助教として戻ってきてから研究を再開し，3年くらい経った頃にようやく自身で複数の研究テーマを思いついて，それらに関する外部の競争的研究資金（科研費，様々な財団，etc. …）をもらえるようになりました。まさに「石の上にも3年（以上）」でした。

第6章

n値モデルを用いた バルク超電導体の 着磁解析

　本書の最後に取り上げるのは，バルク超電導体（以下，バルク）の着磁解析です。第2章の実験では図6.1に示すように，液体窒素及び超電導マグネットにより磁界中冷却（FC）でバルクの着磁実験を行い，第3章にてビーンモデルを用いてその際の超電導体内における磁束密度分布及び電流密度分布を計算しました（図6.2）。そして第5章でバルク内にビーンモデルのように，一様な電流密度を仮定した場合の定常解析を行いました。本章では今までの学習に関するまとめとして，第3章で説明したn値モデルを使用して解析することでバルク内の臨界電流密度が着磁プロセスに伴ってどのように変化していくかを確認していきましょう。本章では，便宜上，バルクに外部から印加する磁束密度 B を「外部発生磁界」と表記します。

6.1　外部発生磁界と n 値モデルの考え方

いよいよ超電導モデル（n 値モデル）を組み込んでの解析を行うわけですが，この解析は「過渡状態解析」であり，バルクにおいて「時間変化する」磁界が印加された場合の解析というのが今までの第 4 章及び第 5 章の解析と異なるところです。では，今回に関してどのような図 6.1 及び図 6.2 に関してどのような物理的条件を適用して，どのような方程式を解いていくのか事前にもう一度考えてみましょう。

まず，外部発生磁界に関して考えてみます。実験を行った際には超電導マグネットを励磁して，外部発生磁界を図 6.1 のようにランプ状に増加させ（図 6.2 プロセス①），最大値 B_{max} に達した所でバルクを冷却し（図 6.2 プロセス②），その後に磁界を徐々に減少させて（図 6.2 プロセス③），最後に着磁完了（図 6.2 プロセス④）というプロセスでしたが，超電導体になるのはプロセス②の半ば以降すなわち完全にバルクが冷却されて以降の話となるので，解析においてはプロセス①～②は省略します。つまりバルクが超電導状態になった②～④のプロセスを解析すればよいことになります。正確には，②の最後，③，④の直線部分を解析していきます。

いま，2 次元解析モデルのイメージを図 6.3 に示しました。空気領域中にバルクが配置され，この空気領域全体に外部発生磁界が印加されているというイメージです。バルクは第 2 章における表 2.2 にあるように直径 46 mm，厚さ 10 mm です。大まかな話としては，外部発生磁界を時間の関数で表現する，バルク部分に超電導モデルを組み込む，種々の境界条件

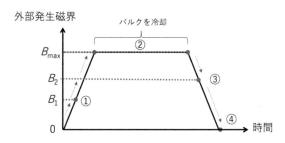

図 6.1　磁界中冷却による外部発生磁界の時間変化

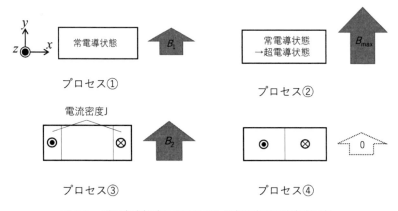

図 6.2　磁界中冷却時におけるバルク内の臨界電流密度分布

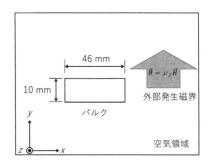

図 6.3　2 次元解析モデル中におけるイメージ

を適用するということを行っていきます。

　まず，外部発生磁界 B を時間の関数で表しますが，今回は超電導モデルを実装したバルクを着磁する際の，バルクの「内部変化の様子」に焦点を当てるため，1 秒で外部発生磁界が 1 T から 0 T まで減少するようにします。この過程で磁界が急激に減少するよう過渡状態を発生させて，バルク内の電流密度の変化を分かりやすくするために，外部発生磁界の波形を直線ではなく，式 (6.1) 及び図 6.4 に示すような指数関数を用いた曲線で表現します。

$$B = B_{max} \exp\left(-\frac{t}{T}\right) \tag{6.1}$$

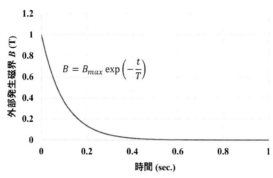

図 6.4　解析で与える磁界中冷却における発生磁界の時間変化

ただし B_{max} は外部発生磁界の最大値，T は外部発生磁界の最大値が $1/e$ に減少するまでの時間を表す時定数を表しています（図 6.4）。

　冒頭で「各々の要素に関してマクスウェル方程式を解いている」と書きましたが，今回行う解析ではマクスウェル方程式のどれを適用するのでしょうか？　上記で，外部磁界が**時間の関数**になると書きましたよね？ということは時間変化すなわち…「$\partial \vec{H}/\partial t$」と書ける，そうです！　ファラデーの電磁誘導の法則が適用されます。すなわち x, y, z 成分で書き表すと，

$$\vec{\nabla} \times \vec{E} = -\mu_0 \frac{\partial \vec{H}}{\partial t}$$

$$\mu_0 \frac{\partial \vec{H}}{\partial t} + \vec{\nabla} \times \vec{E} = 0$$

$$\mu_0 \frac{\partial}{\partial t} \begin{bmatrix} H_x \\ H_y \\ H_z \end{bmatrix} + \begin{bmatrix} \frac{\partial E_z}{\partial y} - \frac{\partial E_y}{\partial z} \\ \frac{\partial E_x}{\partial z} - \frac{\partial E_z}{\partial x} \\ \frac{\partial E_y}{\partial x} - \frac{\partial E_x}{\partial y} \end{bmatrix} = 0 \tag{6.2}$$

となりますが，今回は 2 次元解析ですので，H_z, E_x, E_y はすべてゼロです。

　よって，

$$\mu_0 \frac{\partial}{\partial t}\begin{bmatrix} H_x \\ H_y \\ 0 \end{bmatrix} + \begin{bmatrix} \frac{\partial E_z}{\partial y} \\ -\frac{\partial E_z}{\partial x} \\ 0 \end{bmatrix} = 0$$

$$\mu_0 \frac{\partial}{\partial t}\begin{bmatrix} H \\ K \end{bmatrix} + \begin{bmatrix} \frac{\partial E_z}{\partial y} \\ -\frac{\partial E_z}{\partial x} \end{bmatrix} = 0 \tag{6.2$'$}$$

となります。ただし後々の解析の便宜上，H_x 及び H_y をそれぞれ H 及び K とおいています。

　ところで，左辺の第二項の構成成分が電界 E で表現されていますね？これはどのように考えるのでしょうか？　いま，実際に時間変化する空間内に配置されているのはバルクですよね？　そうなるとバルク内には時間変化に応じて「電流」が流れます。そうなると電界 $\vec{E}$ と電流密度 $\vec{J}$ の関係式，すなわちオームの法則が考えられますよね？

　よって，

$$\vec{E} = \rho \vec{J} \tag{6.3}$$

と書き表されますが，超電導体の場合はこの抵抗率 ρ が外部磁界や電流値で非線形に変化するので，**定数として扱うことができません。**

　ではどうするのか？　ここでいよいよ**超電導体の n 値モデル**が登場します。

　まず，超電導体内の電界を E_{SC}，抵抗率を ρ_{SC}，電流密度を J とおいて，式 (6.3) に代入し，ρ_{SC} について解きます。

$$E_{SC} = \rho_{SC} J$$
$$\rho_{SC} = \frac{E_{SC}}{J} \tag{6.3$'$}$$

ここで，E_{SC} は n 値モデルを用いて以下のように表されます。

$$E_{SC} = E_C \left(\frac{J}{J_C}\right)^n \tag{6.4}$$

すなわち E_C は基準電界，J_C は臨界電流密度ですが，これを式 (6.3)$'$ に代入して計算すると，

$$\rho_{SC} = \frac{E_{SC}}{J} = \frac{E_C \left(\frac{J}{J_C}\right)^n}{J} = \frac{E_C \frac{J}{J_C} \left(\frac{J}{J_C}\right)^{n-1}}{J} = \frac{E_C}{J_C} \left(\frac{J}{J_C}\right)^{n-1} \tag{6.5}$$

となります。解析においてこれら E_C, J_C, n は定数として与えることができますので，ρ_{SC} はバルク中における電流密度 J の関数となることが分かります。一方で，バルク以外の部分における空気領域は，実際には外部磁界が発生しても空間中に電流は流れませんので，$\rho = \infty$ となります。ただし，解析上の都合でこの値は有限の値を設定することになります（後に解説）。

さらに，上記の電流密度 J を求める必要がありますが，これはアンペールの法則から求まりますよね？　つまり，

$$\vec{\nabla} \times \vec{H} = \vec{J}$$

$$\begin{bmatrix} \frac{\partial H_z}{\partial y} - \frac{\partial H_y}{\partial z} \\ \frac{\partial H_x}{\partial z} - \frac{\partial H_z}{\partial x} \\ \frac{\partial H_y}{\partial x} - \frac{\partial H_x}{\partial y} \end{bmatrix} = \begin{bmatrix} J_x \\ J_y \\ J_z \end{bmatrix} \tag{6.6}$$

と書き表されるわけですが，内部に電流が流れるバルクに着目して考えます。図 6.2 と図 6.3 のバルク中の電流密度に着目すると ±z 方向にしか電流が流れていないことが分かります。つまり，電流密度 J は z 成分（一番下の行）しか存在しないため，最終的に式 (6.6) は

$$\frac{\partial H_y}{\partial x} - \frac{\partial H_x}{\partial y} = J_z \quad \rightarrow \quad \frac{\partial K}{\partial x} - \frac{\partial H}{\partial y} = J \tag{6.7}$$

となります。すなわち H_x 及び H_y をそれぞれ H 及び K とおき，J_z の添え字を取りました。

以上をまとめて 2 次元の有限要素法解析を行う際の解析モデルと各部分に適用する方程式の関係を示したのが図 6.5 となります。バルクの周辺を囲む四角い空気領域の各辺には，「ディリクレ境界条件」を適用し，この境界線上から外部発生磁界を印加するように式 (6.1) の関数を設定します。ところで式 $(6.2)'$ と式 (6.7) をよく見てみましょう。これらは，磁界 H が求まれば，ベクトル演算等で電界 E と電流密度 J が一気に求まることが分かります。このような手法を「**H 法**」といって，**超電導関連の解**

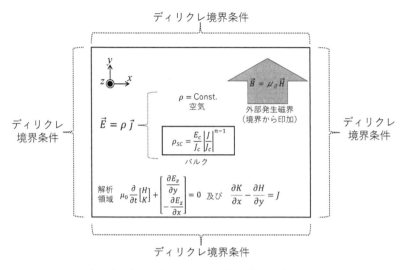

図 6.5　第 6 章で行う解析におけるモデルと各方程式の適用イメージ

析ではよく使用される手法です。では，これらを踏まえた上で次ページか
ら COMSOL による解析を行っていきます。

6.2　COMSOLによる2次元解析

　ここからは COMSOL により解析を行っていきます。前ページまでで
導いた方程式や図 6.5 をしっかりとイメージしながら解析を行っていって
くださいね。

(1)　COMSOL を開いたら，まずは「モデルウィザード」をクリックし
　　　ます。

(2)　今回は 2 次元解析を行いますので，「2D」をクリックしてください。

199

手順 (1)

「モデルウィザード」をクリック

手順 (2)

「2D」をクリック

(3)　続いて，どのような物理的解析を行うのかを決めます。今回は，自身でマクスウェル方程式や超電導の n 値モデルをカスタマイズした偏微分方程式を解いていきますので，「一般形式 PDE (g)」を選択してください。

(4)　ここで偏微分方程式の従属変数の数と単位を定義します。式 (6.2)$'$ から，今回は外部発生磁界の xy 成分 2 つが従属変数なので，H と K をここで定義します。

手順 (3)

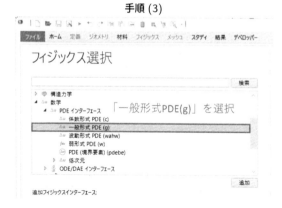

手順 (4)

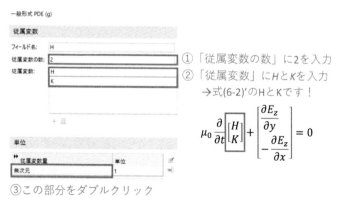

(5) 続いて単位ですが，H と K は磁場になるので，電磁気学的な物理量から磁場（A/m）を選択します。

(6) 従属変数の数と単位を定義したら，「スタディ」をクリックします。

201

手順 (5)

① 「電磁気学」を選択　　　　　② 「磁場 (A/m)」を選択

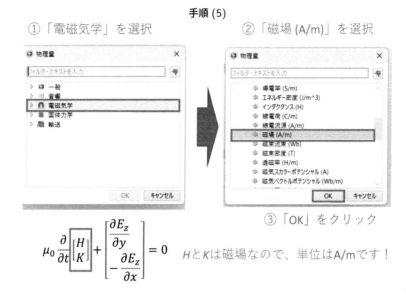

③ 「OK」をクリック

$$\mu_0 \frac{\partial}{\partial t}\begin{bmatrix} H \\ K \end{bmatrix} + \begin{bmatrix} \dfrac{\partial E_z}{\partial y} \\ -\dfrac{\partial E_z}{\partial x} \end{bmatrix} = 0$$

H と K は磁場なので、単位は A/m です！

手順 (6)

フィジックスインターフェースをレビュー

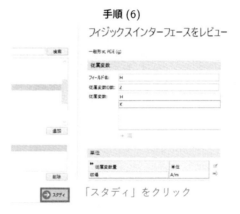

「スタディ」をクリック

(7) 続いて解析の条件を選択します。今回は「時間変化する外部発生磁界中」におけるバルクの解析なので，「時間依存」を選択します。

(8) これで編集画面が開きました。

手順 (7)

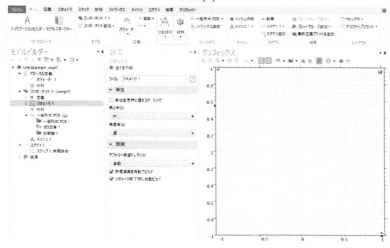

手順 (8)

(9) ここからは，解析モデルの幾何形状すなわち入れ子を作成してい
きます。まず，幾何形状を作成するに当たり，単位を mm で作成
するための設定を行います。

手順 (9)

「長さ単位」で
「mm」を選択

(10) まずはバルクの形状です。ジオメトリ 1 を右クリックして，リス
ト中から「矩形」を選択します。

手順 (10)

① 「ジオメトリ1」
を右クリック

② 「矩形」をクリック

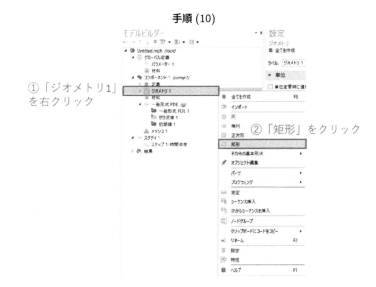

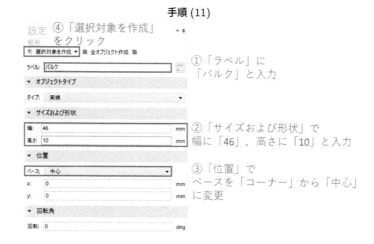

(11)　設定においてラベルに「バルク」と名前を付けたら，バルクの寸法
（幅 46 mm，高さ 10 mm，第 2 章の表 2.4 参照）を入力します。そ
して，バルクがグラフィックス画面のちょうど真ん中に配置される
ように，ベースの項目で「コーナー」から「中心」に変更します。

手順 (11)

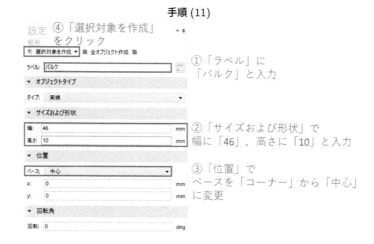

(12)　バルクの形状が作成されました。

手順 (12)

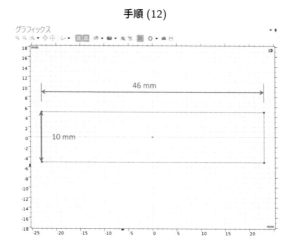

(13)　続いて空気領域を作成していきましょう。再びジオメトリ 1 を右
　　　クリックして，リスト中から今度は「正方形」を選択します。

手順 (13)

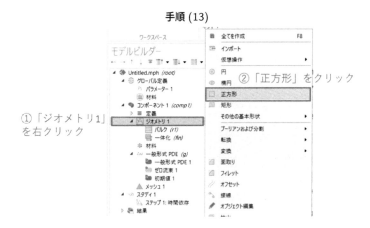

(14)　設定画面が開いたら，一辺が 500 mm の正方形を作成するために
　　　側長に「500」を入力します。また，「位置」の部分でベースの項目
　　　を「コーナー」から「中心」に変更します。

(15)　バルクの周りに空気領域が作成されました。全体がうまく表示さ
　　　れない時は，「グラフィックス」の下にあるボタン（矢印（左右）
　　　と矢印（上下）を重ねた形）をクリックしてください。

手順 (14)

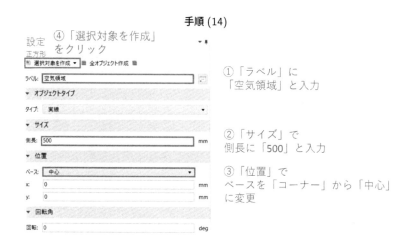

④「選択対象を作成」をクリック

①「ラベル」に「空気領域」と入力

②「サイズ」で側長に「500」と入力

③「位置」でベースを「コーナー」から「中心」に変更

手順 (15)

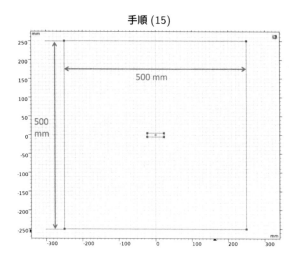

以上で，解析モデルの幾何的な形状は作成されました。ここからは，この形状に様々な物理的な条件を当てはめていきます。

(16) 続いて，今回解析を行う上でベースとなる方程式の設定に入ります。まず「一般形式 PDE(g)」の「一般形式 PDE 1」をクリックしてください。

手順 (16)

(17)　設定画面が開いたら，「方程式」と書かれた部分の横の三角形をクリックしてください。

手順 (17)

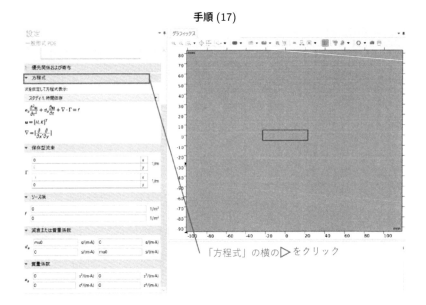

(18) ここで入力する方程式のテンプレートが出てきます。このテンプレートの係数と，式 (6.2)′ の係数を比較し，入力する記号や値を設定していきます。

手順 (18)

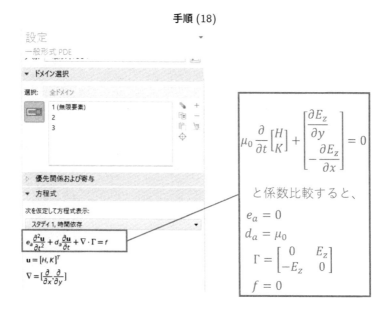

(19) それぞれの項目で，符号や値に注意をしながら入力していってください。

(20) 今度は，電流密度 J と外部発生磁界 B (H) に関する情報を入力していきましょう。再び，「定義」を右クリックした後に「変数」をクリックしてください。

手順 (19)

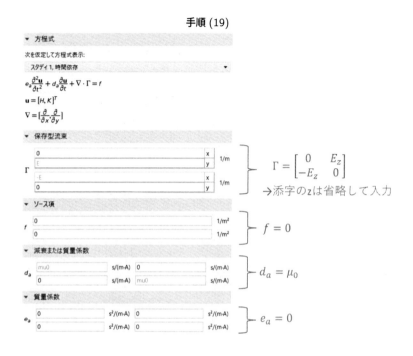

手順 (20)

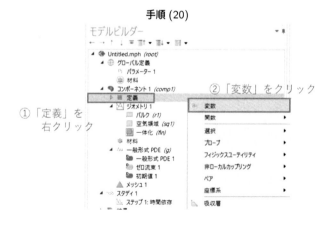

(21) 設定画面が開いたら，ラベルに「モデル全体」と入力します。次に変数の欄に式 (6.1) 及び式 (6.7) に関して入力を行っていきます。変数は間違いのないように確実に入力してください。なお外部発生磁界 B_{app} に関しては，本解析で磁界 H を用いた「H 法」を使用する関係上，磁束密度 B を磁界 H に換算して式を入力します。

手順 (21)

②数式を入力

$$J = \frac{\partial K}{\partial x} - \frac{\partial H}{\partial y} \equiv K_x - H_y$$

$$B_{app} = B_{max} \exp\left(-\frac{t}{T}\right)$$

(22) 今度はバルク部分の特性，すなわち n 値モデルの入力を行いましょう。「定義」を右クリックした後に「変数」をクリックしてください。

(23) ラベル部分に「J と E の関係（バルク）」と入力した後に，ジオメトリ選択の「ドメイン」を選択し，グラフィックス中のバルク部分をクリックします。そして変数の部分に式 (6.3)′ 及び式 (6.5) を入

手順 (22)

①「定義」を
右クリック

②「変数」をクリック

手順 (23)

①「JとEの関係（バルク）」
と入力

②「ドメイン」を選択

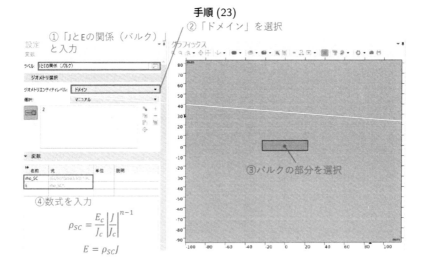

③バルクの部分を選択

④数式を入力

$$\rho_{SC} = \frac{E_c}{J_c}\left|\frac{J}{J_c}\right|^{n-1}$$

$$E = \rho_{SC}J$$

力してください。

手順 (23′) は上記の変数入力部分の拡大図です。間違いのないように確実に入力してください。

手順 (23′)

▼ 変数

名前	式	単位
rho_SC	(Ec/Jc)*(abs(J/Jc))^(n-1)	
E	rho_SC*J	

(24) 次は，n 値モデルの定数部分，すなわち基準電界 Ec，臨界電流密度 Jc，n 値の 3 つを入力します。臨界電流密度 Jc と n 値はオーソドックな値を入れています。

手順 (24)

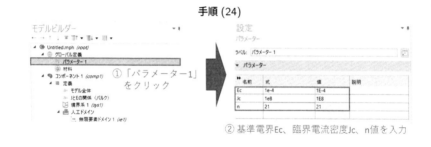

①「パラメーター1」をクリック

② 基準電界Ec、臨界電流密度Jc、n値を入力

手順 (24′) は上記の数値入力部分の拡大図です。間違いのないように確実に入力を行ってください。

手順 (24′)

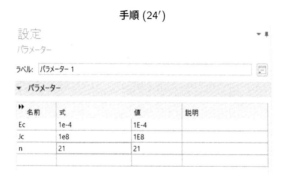

設定
パラメーター

ラベル: パラメーター 1

▼ パラメーター

名前	式	値	説明
Ec	1e-4	1E-4	
Jc	1e8	1E8	
n	21	21	

213

(25)　今度は空気領域の部分に関しての設定を行います。「定義」を右ク
　　　リックした後に「変数」をクリックしてください。

手順 (25)

(26)　ラベルの部分に「空気領域」と入力します。次にジオメトリ選択
　　　のところで「ドメイン」を選択し，グラフィックス中のバルク部
　　　分をクリックします。そして変数の部分に式 (6.3) を入力してくだ
　　　さい。
　　　手順 (26′) は上記の変数入力欄の拡大図です。前に述べましたが，
　　　バルクの周りにおける空気の抵抗率は本来は非常に大きいのです
　　　が，今回の H 法による解析ではこのような値を設定することは難
　　　しく，さらに極端に大きな値を設定すると計算が収束してくれな
　　　い関係もあり，有限の値として $\rho = 1$ を設定します。後の解析結
　　　果で分かりますが，実際にこの値で計算を行っても結果として大
　　　きく変わることはありません。

手順 (26)

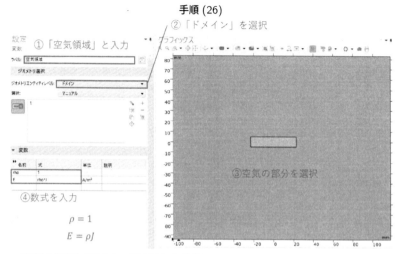

①「空気領域」と入力

②「ドメイン」を選択

③空気の部分を選択

④数式を入力

$$\rho = 1$$
$$E = \rho J$$

*解析の収束性の都合上、抵抗率を1に設定

手順 (26′)

▼ 変数

名前	式	単位	説明
rho	1		
E	rho*J	A/m²	

(27) 今度は初期値の設定を行います。今回の方程式では，図 6.4 に示すように外部発生磁界 $Bmax$ が 1 T となります。下図に示すように，一般形式 PDE(g) の「初期値 1」の項目をクリックし，K の初期値に「H$_{\max}$」と記入します。この部分に関しては，K は「磁界」なので，初期値が磁界 H の最大値として入力しなければいけないことに注意してください。

手順 (27)

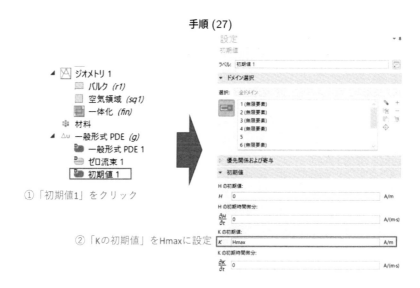

① 「初期値1」をクリック

② 「Kの初期値」をHmaxに設定

(28)　今度は境界条件を設定します。一般形式 PDE(g) を右クリックし，「ディリクリレ境界条件」をクリックしてください。これを設定することで，図 6.5 に示したようにこの境界線から外部磁界が印加されることになります。

手順 (28)

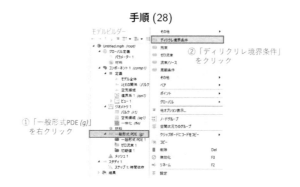

① 「一般形式PDE (g)」を右クリック

② 「ディリクリレ境界条件」をクリック

(29) 設定が開いたら，グラフィックス中の一番外側の正方形のすべて
の辺を選択します。これらが，左の設定部分の境界選択に反映さ
れます。そのうえで，下のディリクレ境界条件で，y 方向にのみ磁
界がかかるように H = 0 及び K = Happ を設定します。

手順 (29)

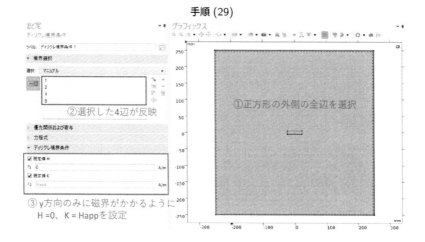

以上で物理的な条件設定が終わりました。今度はメッシュの設
定を行いましょう。

(30) 「メッシュ 1」をクリックして，要素サイズの部分で「さらに細か
い」を選択します。最後に，「全てを作成」をクリックするのを忘
れないでください。

(31) ドメイン全体にメッシュが作成されました。

手順 (30)

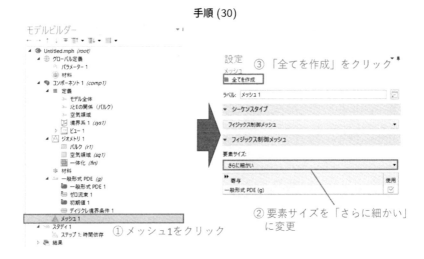

① メッシュ1をクリック

② 要素サイズを「さらに細かい」に変更

③「全てを作成」をクリック

手順 (31)

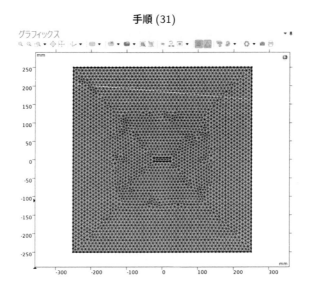

(32)　では，いよいよ解析を行っていきましょう．スタディ1の「ステップ1: 時間依存」をクリックし，設定画面を開きます．ここにおい

て，出力時間の部分で「range (0, 0.01, 1)」と入力してください。
そしてトレランス部分において「ユーザー制御」を選択し，相対ト
レランスを「1e-3」に設定してください。この部分は解析の収束性
において非常に重要な部分ですが，まずは暫定的にこの値で解析
してみましょう。

　最後に「計算」をクリックしてください。

手順 (32)

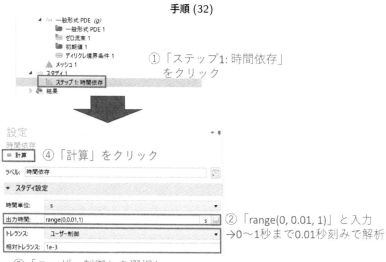

(33)　計算が回り，上手くいくと磁界のコンター図が得られます。

手順 (33)

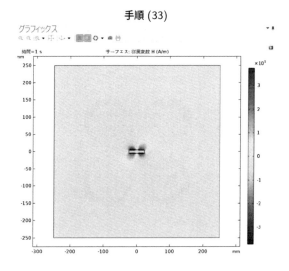

　さて，解析結果が得られましたが磁界だとバルク内の様子はイメージしにくいはずです。ここからはポスト処理として，電流密度と磁力線を表示させていきます。

(34)　結果の「サーフェス1」をクリックして設定画面を開き，式の部分に電流密度の「J」を入力します。すると，下の単位のところに「A/m^2」が表示されます。最後に「プロット」をクリックすると電流密度のコンター図が表示されます。

(35)　電流密度のコンター図を見てみると左右対称に 10^8 A/m^2 が流れています（コンター図を拡大しました）。

手順 (34)

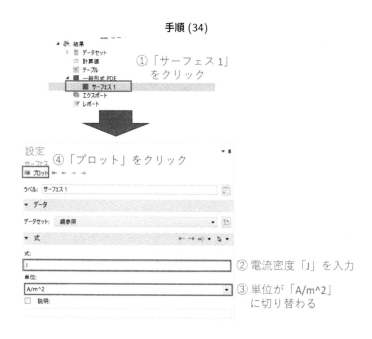

① 「サーフェス 1」をクリック

④ 「プロット」をクリック

② 電流密度「J」を入力

③ 単位が「A/m^2」に切り替わる

手順 (35)

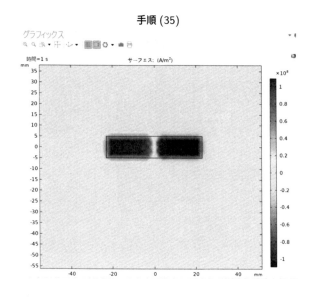

(36)　続いて磁力線を描きます。一般形式 PDE を右クリックし,「スト
　　　リームライン」をクリックします。

手順 (36)

(37)　編集画面が開いたら, X 成分と Y 成分にそれぞれ「H」と「K」を
　　　入力します。次に流線位置における位置で「開始点を制御」を選択
　　　した後に, 入力法を「座標」にします。ここで X の部分に「range
　　　(-20, 2, 20)」, Y の部分に「10/2」を入力し, 最後に「プロット」
　　　をクリックしてください。

(38)　磁力線が描かれました。これで完成です。設定の関係上, 中心に
　　　磁力線が縦に 1 本出てきます。

手順 (37)

④ ■ プロット ⊩━ ← → ━⊣
ラベル: ストリームライン 1

▼ データ
データセット: 親参照

▼ 式
X 成分:
H   A/m
① Y 成分:
K   A/m
☐ 説明:

▶ タイトル
▼ 流線位置
位置: ② 開始点を制御
入力法: 座標
③ X: range(-20, 2, 20)   mm
  Y: 10/2   mm

① X成分に「H」、Y成分に「K」を入力
② 位置で「開始点を制御」を選択
③ 「座標」を選択し

X: range(-20, 2, 20)
y: 10/2

を入力。

【意味】
X：-20 mm から 20 mm の間で、間隔 2 mm 毎にプロット

y: バルクの厚さの中間部分からプロット

④ 「プロット」をクリック

手順 (38)

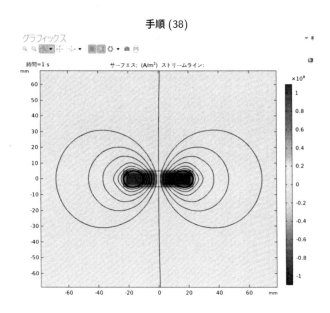

グラフィックス

6.3　解析結果における着目点

　前項までで，バルク内の電流密度と磁力線を描きました。ここからは，この結果を用いて考察を行ってみましょう。まず，いままで描いてきたコンター図ですが，コンター図の左上に「時間 $= 1$ s」と書かれています。つまり，今まで編集してきたコンター図は $t = 1$ s の場合の結果を編集していたことになります。では，他の時間はどうでしょう？　ここからは，外部印加磁界の時間変化とともにバルク内の電流密度や磁力線がどのような変化をするのかを見ていきましょう。

　画面の「一般形式 PDE」をクリックして設定画面を開いたら，「時間(s)」という項目があり，ここの右端の矢印「▼」をクリックすると，t $= 0〜1$ s まで 0.01 刻みで解析した結果が選択できます。もしくは，「プロット」の横にある「←」を連続してクリックすることで，連続的な変化を見ることも可能です。

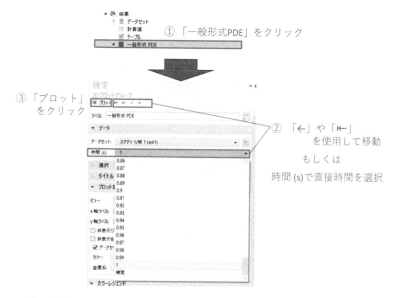

　以上の操作により t $= 0, 0.05, 0.1, 0.25, 0.5, 0.8$ 秒の 6 つのケースに関する結果を図 6.6 に示しました。まず電流密度の分布の傾向を見てみる

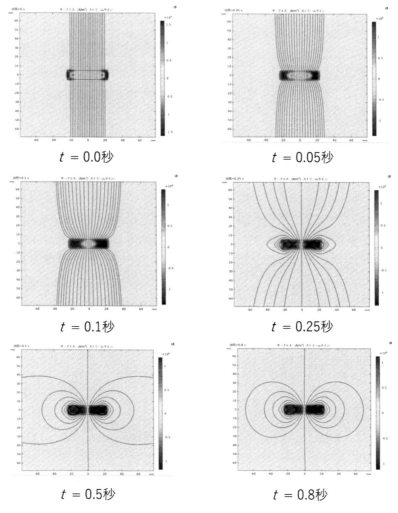

図 6.6 バルクの着磁過程における電流密度と磁力線分布

と，時間が経つ（外部発生磁界が減少）するにつれて，バルクの両端から
電流が流れ始め，最後（$t = 0.8$ 秒）にはバルク中心部まで到達している
ことが分かります。つまり，**外部発生磁界 B が減少するにつれて周囲の
磁束密度分布を保とうとして，バルク自身が電流を流して磁束密度を増加**

させようとしていることが分かります。そして最終的に，自身が磁化して
磁力線がループを描く，すなわち着磁されて永久磁石と似たような状態に
なっていることが分かります。つまり着磁過程におけるバルクの振る舞い
がよく分かります。

　今度は，外部発生磁界 B として与えた図 6.4 の曲線と重ねてみましょ
う。図 6.7 に曲線中のいくつかの点における電流密度と磁力線の分布を示
しました。これを見てみると，B が急激に減少する $t = 0 \sim 0.1$ s において
急激に電流がバルク内に流れていることが分かります。ただし，この時点
では磁力線はまだループを描いていません。磁力線がループを描き始める
のは，図 6.6 にある $t = 0.25$ 秒あたりすなわち急激な B の変化が終わっ
て定常状態に移行しつつある辺りからです。この辺りになると電流はバル
クの中心部まで到達して全体が永久磁石のように「着磁」された状態とな
るのです。実際に $t = 0.5 \sim 1$ 秒においては電流密度分布も磁力線分布も
大きな違いがないことが分かります。この傾向はもっと B の減少傾向が
緩やかな場合においても同様であり，それが第 2 章に行った着磁実験の結

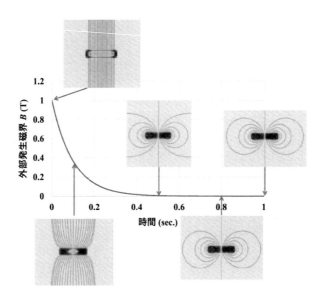

図 6.7　外部印加磁界曲線における電流密度と磁力線の変化

果です。

このように，有限要素解析をうまく使えば超電導体中でどのような現象が起こっているのかを視覚的に分かりやすく理解することができます。今回の結果をベースとして，例えば臨界電流密度 J_C や n 値を変化させたり，メッシュの粗さを変えたりした場合など，様々な要素をパラメータとして変化させてどのような結果になるのか，是非皆さんの手で解析を行ってみてください。

では，最後に本解析で行っていた内容を，手順を追ってまとめてみます。まずは天下り的に手を動かして一通り行ってみることで全然かまいません。一度本章の内容を，手を動かして行ってみた後に，この部分を見直して各手順でどのようなことを行っていたのかをもう一度確認しながら進めてみてください。また，本解析を前章で使用した軸対称解析モデルで行ってみるなど，自分なりに工夫してみてください。色々な解析対象に対して，どのような解析モデル，座標が適切かを大まかにでも見極められるようになれば，ビギナーは卒業です！

【手順 (1)-(8)：解析手法の選択と条件設定】
このプロセスでは，解析しようとする物理現象をどのように解析するかを選択しました。
▶ 手順 (1)-(2)：次元の選択 → 2 次元を選択
▶ 手順 (3)-(6)：偏微分方程式の従属変数の設定
▶ 手順 (7)-(8)：解析内容を選択 → 時間依存（過渡状態解析）を選択

【手順 (9)-(15)：幾何形状の作成】
これから行っていく解析対象（バルク及び空気領域）の描画を行っています。すなわち，物理的な条件やメッシュを設定するための「入れ子」を作りました。
▶ 手順 (9)-(12)：バルク形状の作成
▶ 手順 (13)-(15)：空気領域の作成

【手順 (16)-(31)：物理条件の設定】

前の手順で描いた幾何的な形状に「物理的な意味」を持たせていきます。
すなわち，

▶ 手順 (16)-(21)：モデル全体の方程式の設定
▶ 手順 (22)-(24)：バルク部分の方程式（n 値モデル）の設定
▶ 手順 (25)-(26)：空気領域の方程式の設定
▶ 手順 (27)：初期値の設定
▶ 手順 (28)-(29)：ディリクレ境界条件の設定

【手順 (30)-(31)：メッシュ条件の設定】

ここでは，解析精度等に直接関わってくるメッシュの大きさを設定しました。

【手順 (32)-(38)：解析結果のポスト処理】

本プロセスでは，解析結果を得た後のポスト処理として，電流密度分布と
磁力線分布を表示する方法を示しました。

これは余談ですが⑥　研究者と英語

　「英語をよく使う仕事とは何だろう？」と考えた時に，皆さんはどのような仕事を思い浮かべますか？　真っ先に思い浮かぶのは通訳や翻訳の仕事，もしくは外資系の金融・コンサル業を思い浮かべるのではないでしょうか？　確かにそうなのですが，大学教員の仕事をしていると，

- 英語論文を読んで勉強する
- 海外の学会で発表する（他国の研究者と議論したり，食事をして酒を飲んだり…）
- 海外の学会誌に論文を書いて投稿する
- 海外メーカーから実験装置やサンプルを購入してマニュアルを読む
- 研究室の留学生と議論する
- 海外の研究者とメールのやり取りをする（研究関連，学会運営，講演の招待，etc. …）

のように英語を使わない日は無いといっても過言ではないくらい，「英語漬け」の日々を送っていることに気付きます。では大学教員が全員，流暢できれいな英語を話し，書けるのか？　答えは恐らくノーですし，それはもはや，「関西に住んでいる人はみんな面白い」というのと同じくらいの都市伝説でしょう（笑）。少なくとも私に限って言えば謙遜でもなんでもなく，帰国子女かつ有名私立大出身のきれいな女子アナの皆様が聞いたら，横目に見て鼻で笑われる程度の英語力しかありません（汗）。院生時代，何かの集まりで実際に留学経験のある女性が来ており，「英語で話してみて」と周りからリクエストされて話してみたら，その女性から「あ，その程度か〜（＾＾）」と半笑いで言われたことは今でも忘れません…（泣）。

　ただし，これは文法や発音が完璧な「きれいな英語」を話せないというだけの話であって，少なくとも私自身は海外の方々に，自分が何をしたい/言いたいのかを分かってもらうことは（多分）出来

ています。要は,「シンプルな英語」を「ゆっくり話す」ことです。理系の世界で使用する英語は,読み書き共に専門用語はしっかりと覚える必要があるのですが,文法自体は大して難しい表現を使っていません。例えば,「この図は○○を示している」は「This figure shows/describes/explains …」という表現を使うことがよくありますが,恐らくこの本を読んで下さっている方々であれば何の抵抗も無く分かるはずです。そして後ろの「…」に続くのが例えば「モータトルクの回転数特性」であれば "**Motor torque** characteristics as a function of **rotation speed**",「電気抵抗の冷却温度特性」ならば "**Electrical resistance** characteristics as a function of **cooling temperature**" と割とワンパターンな表現に落とし込むことができます。論文表現というのはこのようなシンプルな表現の繰り返しで成り立っているので,専門用語・表現を覚えつつ数を読んでいけば何となく内容がつかめるようになってきます。

　一方で,話す方はある意味もっと簡単です。海外の研究者と話をしていると,いわゆる「三単現の s」や「過去形と現在形」の概念はどこへ行ったというくらいに文法的には間違った英語で会話することなんてザラですし,発音もかなり凄まじい方々が多いです… (笑)。ただ,先ほど話をしたようにシンプルな表現での会話になりますし,お互い英語が母国語でない者同士はそれでも何となくお互いの言いたいことは理解出来てしまいます。さらに相手の言うことが分からなければ, "Sorry ??" や "Purdon ??" と自分が分かるまで聞き直せば,向こうもゆっくりかつ違った言い回しで言い直してくれます。日本人はここで「何回も聞き直すのは申し訳ない」という思考が働いて,聞き直しをする光景を会話でも学会発表でもあまり見かけませんが,聞き直すことを覚えたらかなり理解できることも増えてきます。そもそもきれいな英語が話せることが重要なのではなく,自分の言ったこと,相手の言っていることを確実に理解してもらう,理解することが大切なので,ここを間違えてはいけません。英語に必要なのはとりあえずその場を楽しんで何かを話そうとする「度胸」です！ 試しに,

学内のコーヒーショップや学食なんかで話をしている2人組くらい
の留学生に話しかけることから始めてみましょう！ 意外と気さくに
乗ってきてくれますよ。

　ちなみに，私が学生時代から現在にかけてお世話になっている某先
生は，「最も言語が上達する方法は，学びたい言語を母国語に持つ恋
人を作ることだよ」とおっしゃっていました…。その通りかもしれ
ませんが，なかなかハードルが高そうですね（笑）。ただし，SNSや
マッチングアプリなどで出会いが身近になってきている昨今なので，
グローバルに生きていきたいというバイタリティのある皆様，挑戦し
てみてはいかがでしょうか？

付録

A.1 解析におけるトラブルシューティング例

　実験やシミュレーションを行っていると，どのような場合でも一度で成功することはほとんどありません。今回本書で取り上げた COMSOL でも解析を実際に行っていて，何度もエラーメッセージに悩まされました。例えば図 A.1 のようなエラーです。

図 A.1　COMSOL の解析におけるエラー画面

　そもそも解析を行っている際に起こるエラーの原因は，単純なケアレスミスからかなり本質的な問題がある場合，さらにはまったく意味の分からないオカルト（？）的な問題まで数限りなくありますが，筆者の経験上，以下のようなものが多いと思います。

- 未定義の変数が存在している（設定し忘れ）
- 物理条件の設定が間違っている，もしくは不足している（設定ミス）
- コンピュータのスペックが，シミュレーション計算に付いていけない

　上記の最初2つはいわゆる「ケアレスミス」になります。しかし最後の3つ目に関しては，計算機のスペックに依存するのでどうしようもない場合があります。ここでよりハイスペックな計算機用PCを買える「リッチな研究室」ならばよいのですが，ほとんどの研究室が「ほどほどの」スペックのPCもしくは自身のノートPCで何とか計算を行っているというのが現状かと思います（著者が勤務する研究室もそうです）。

　本書で扱っている解析に関しては，大学生協で売っているノートPCでも十分に対応できるくらいの解析内容ですので，さほど問題にはならないはずですが，万が一上記のエラーが出た時の対策として，**「メッシュの粗さを調整する」，「相対トレランスの値を調整する」**の2つを紹介します。ただし，最初に断っておきますが，**この2つをいずれかもしくは同時に行ったからといって解析がうまくいく保証はありません。**あくまで「こんな方法もあるのだ」という参考程度に読んでください。

　まずメッシュの粗さに関してですが，COMSOLはメッシュの粗さを9段階に調整することが可能です。一般的に有限要素法による解析は，解析対象に適用するメッシュが細かければ解析の精度が上がるのですが，その

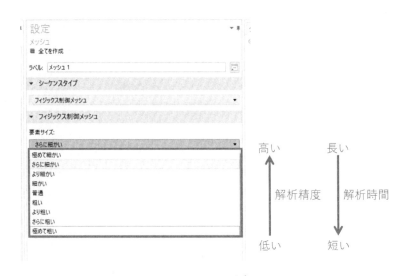

図 A.2　メッシュの設定画面

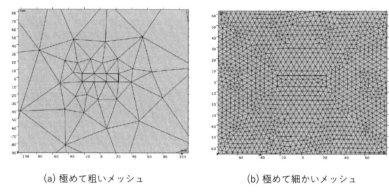

(a) 極めて粗いメッシュ　　　　　　　　(b) 極めて細かいメッシュ

図 A.3　第 6 章の解析モデルによるメッシュの違い

分計算時間が急激に増加していきます。逆に言えば，メッシュを粗くすれば解析時間の短縮にはなりますが，メッシュの大きさによっては正確な解析結果を得られない場合があります。

　試しに，第 6 章の解析に関して「極めて粗い」と「極めて細かい」の両極端で行ってみました。2 つのメッシュを図 A.3 に示します。

　これを踏まえて解析を行った結果が図 A.4 になります。メッシュの粗さ以外，すべて同じ条件で行いました。**著者のノート PC での計算時間は，極めて粗いメッシュでは約 3 秒，極めて細かいメッシュでは約 2 分かかりました。**両者の傾向はある程度同じですが，前者は磁力線のループが明らかにおかしいのが分かります。それに対して後者の極めて細かいメッシュは，磁力線の左右バランスが少し異なるもののしっかりと描かれていることが分かります。ただし，第 6 章で行った解析結果と比較すると大きな違いはなく，必ずしも「極めて細かいメッシュ」を選択する必要はありません。実際に第 6 章の「さらに細かいメッシュ」は計算時間が 16 秒弱かつ，磁力線もきれいに左右対称でした。つまり，メッシュが細かければそれでよいということは決してなく，計算時間や計算機 PC のスペックと相談しながら最適なメッシュを選択するのがよいでしょう。

　さて，もう 1 つの「相対トレランス」です。この値は，解析のソルバー中において求めたい値をどれだけ精度よく求めるかを決定する「重み係

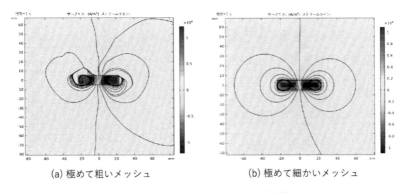

(a) 極めて粗いメッシュ　　　　　　(b) 極めて細かいメッシュ

図 A.4　　2 通りのメッシュによる解析結果

数」です。イメージとしては，例えば求める解の値が「1.0」であると仮定
して，ある程度裕度のある「0.98」や「1.11」を許容するのか，「0.99999」
や「1.00001」のようにかなり厳密にするのかを決める値です。この部分
の値が小さければ小さいほど解の精度は上がりますが，解析によっては冒
頭のエラーメッセージが出ます。そんな時は，図 A.5 の枠で示す部分を
デフォルト値から少しずつ大きくして解析を行っていくと，エラーが出る
ことなく解析が収束する場合があります。しかし，大きくしていくとその

図 A.5　　相対トレランスの設定画面

分精度は落ちます。よって，常に計算結果で今回のような磁束密度分布や磁力線分布をはじめとした物理現象が正しく求められているかを確認しながら注意して値を変えていってください。

A.2　超電導関連の有用なサイト

● HTS MODELING WORKGROUP（英語）

https://www.htsmodelling.com/

　本サイトでは，今回紹介した COMSOL による超電導体の解析モデルだけでなく，MATLAB や Python を使用した解析事例のモデルファイルが非常に多くアップロードされています。また，解析モデルに関する解説やそのモデルを使って解析した結果を掲載した論文などの情報も載っています。ホームページ中の解説はすべて英語ではありますが，それらをひっくるめて（？），本書を読んで他の解析や勉強を行ってみたい場合にはうってつけのサイトです。

● 低温工学・超電導学会（日本語，英語両方対応）

https://www.csj.or.jp/

　読んで字のごとく，本書で扱った超電導・低温技術関連の物理，材料，デバイス，応用機器，冷凍機関連技術など，低温工学及びその周辺技術全般を扱う学会です（著者も所属しています）。サイト内には冷凍機のスペックや材料物性データ，さらには超電導関連の研究会や講演会などのイベント情報も公開しており，超電導関連の様々な情報を得ることが出来ます。

● 低温工学（日本語，英語両方対応）

https://www.jstage.jst.go.jp/browse/jcsj/-char/ja/

　上記の低温工学・超電導学会が発行する学会誌。1966 年の第 1 巻から最新刊において掲載された論文や様々なコラムを読むことが出来ます（2023 年時点で無料アクセス可能）。

これは余談ですが（最終回）　著者の院生時代

　著者が東京大学の修士課程に入学したのは，2008年4月でした（本書を書いている時から15年前！）。当時山形大学を卒業し，東京で学生生活が出来ると期待に胸を膨らませて新生活をスタートさせたことを覚えています。大学院生は研究生活が第一とはいえ，そこはやはり学生！ 楽しみにしていたのはそれだけではありませんでした。

　ある日，研究室の同期から合コンに誘われました。学部の四年間，合コンというものにほぼ無縁だった中，デビュー戦が看護師と某IT企業の受付嬢の方々！ 当時，相当に舞い上がった記憶があります。

　合コン数日前に髪を切りに行ったのですが，今思えば当時金のない学生だったとはいえ，なぜ先輩や同期に行きつけの店を紹介してもらわず，「1000円カット」に行ってしまったのか…。

　とある1000円カットの店に行った時，某E○ILEのメンバーがそのまま年を取ったような50歳位の厳ついおじさんが出てきました。若干（というか，かなり）の不安を覚えましたが引き返すわけにもいかず，「少し短めでワックスを使ってセットできるように」とお願いした数分後，鏡に映っていたのは「角刈りの板前」でした。どうも「短め」以外の情報が素通りしたようでした。

　自身の髪型に衝撃を受けつつ，帰宅後に服をあれこれ合わせてみるものの，春らしい花柄のシャツを着てみると完全に反社会勢力の人。もの凄くポジティブに解釈して，90年代のオリックス時代のイチローに見えなくもない？ 次の日，研究室メンバー総出で「お前どうした？」と心配された覚えがあります…。

　それでも覚悟を決めて迎えた当日。場所は池袋のおしゃれなモダンダイニング。6対6と若干多めでしたが，女性陣は本当に綺麗な人達ばかり。男側は誘ってくれた同期，同期の友人数名（殆どが医学部生），そして角刈りの私。しかも医学部生の一人は，当時人気絶頂だった俳優の水嶋ヒロ似のイケメンで，非常にフランクかつ，水泳部所属の超ハイスペック男子でした。

　もう結果は御察しの通りですよね。そもそも合コンがほぼ初めての

人間（角刈り）が上手く話など出来るはずもなく，さらに席が一番端で全体の流れに乗れず大惨敗。そして当然ながら，その日の合コンでは水嶋ヒロが一番人気…ほろ苦いデビュー戦でした。

　しかし，その後も同期や先輩達から懲りずに誘ってもらい，その中で少しはマシになっていったのだと思います（というか思いたい）。合コンデビューからそこそこに恋愛もしつつ，12 年が経った 2020 年，ようやく独身生活に終止符を打つことになり，この本を書いている現在は 2 歳になりつつある子供もいます。

　当時の自分にアドバイスをするとすれば，「変にかっこつけず，気遣いのできるアホになれ。そして，1000 円カットには気を付けろ！」と言ったところでしょうか。

　最後に学生の皆さん，研究にプライベートに楽しく充実した生活を送ってください！

参考文献

[1] 舟木和夫, 住吉文夫, "多芯線と導体（超伝導工学の基礎）," 産業図書, 1995.

[2] 雨宮尚之, "高温超伝導体の交流損失―超伝導線から超伝導送電ケーブルまで―,"低温工学, vol. 45, no.8, pp. 376-386, 2010.

[3] J. F. Troitino, et. al., "Effects of the initial axial strain state on the response to transverse stress of high-performance RRP Nb3Sn wires," *Superconductor Science and Technology*, vol. 34, no.3, p. 035008, 2021.

[4] Y. Iwami, et. al., "Excitation characteristics of MgB2 race-track coil immersed in liquid hydrogen," *Journal of Physics: Conference Series*, vol. 1559, no. 1, p. 012147, 2020.

[5] M. Morita, et. al., "Processing and properties of QMG materials," *Physica C: Superconductivity*, vol. 235, pp. 209-212, 1994.

[6] M. Murakami, "Melt Processed High-Temperature Superconductors," World Scientific, 1993.

[7] S. I. Yoo, et. al., "Melt processing for obtaining NdBa2Cu3O y superconductors with high T_c and large J_c," *Applied physics letters*, vol. 65, no.5, pp. 633-635, 1994.

[8] M. Tomita, et. al.," High-temperature superconductor bulk magnets that can trap magnetic fields of over 17 tesla at 29 K," *Nature*, vol. 421, p. 517-520, 2003.

[9] J. H. Durrell, et. al., "A trapped field of 17.6 T in melt-processed, bulk Gd-Ba-Cu-O reinforced with shrink-fit steel," *Superconductor Science and Technology*, vol. 27, no.8, p.082001, 2014.

[10] A. Patel, et. al., "A trapped field of 17.7 T in a stack of high temperature superconducting tape," *Superconductor Science and Technology,* vol. 31, no. 9, p. 09LT01, 2018.

[11] S. Vandenberghe, et. al., "PET-MRI: a review of challenges and solutions in the development of integrated multimodality imaging," *Physics in Medicine & Biology*, vol. 60, no.4, p.115-154, 2015.

[12] T. Masuda, et. al., "The 2nd in-grid operation of superconducting cable in Yokohama project," *Journal of Physics: Conference Series*, vol. 1559, no. 1, p. 012083, 2020.

[13] 吉田良行, et. al., "MW 級航空機電気モータ給電システムの技術開発 2," 第 58 回飛行機シンポジウム講演集, JSASS-2020-5062, 2020 年 11 月.

[14] C. E. Oberly, "Air force applications of lightweight superconducting machinery," *IEEE Transactions on Magnetics,* vol. 13, pp. 260-268, 1977.

[15] K. Ueda, et. al., "Super-GM and other superconductivity projects in Japanese electric power sector," *IEEE transactions on applied superconductivity*, vol. 7, no. 2, pp.245-251, 1997.

[16] 宮副照久, "Study on current distribution in $Yba_2Cu_3O_{7-x}$ superconducting

wire for NMR magnet design (NMR 用マグネット設計の指針となるイットリウム系超電導線材内の電流分布に関する研究)," 東京大学博士論文, 2011 年.

[17] C. P. Bean, "Magnetization of hard superconductors.," *Physical review letters*, Vol. 8, No. 6, pp. 250-253, 1962.

[18] Y. B. Kim, C. F. Hempstead and A. R. Strnad, "Magnetization and critical supercurrents," *Physical Review*, Vol. 129, No.2, pp. 528-535, 1963.

[19] F. Irie and K. Yamafuji, "Theory of flux motion in non-ideal type-II superconductors," *Journal of the Physical Society of Japan*, Vol. 23, No.2, pp. 255-268, 1967.

本書執筆で参考にした図書

[1] 仁田坦三（編著）, "超電導エネルギー工学," オーム社, 2006

[2] 山村昌ほか, "超電導工学 改訂版（第 5 版）," 電気学会, 2005

[3] 小池洋二, "超伝導 直感的に理解する基礎から物質まで," 内田老鶴圃, 2022

[4] 宮健三, 吉田義勝, "超電導の数理と応用," 養賢堂, 1997

[5] 未踏科学技術協会 超伝導科学技術研究会, "これ 1 冊でわかる 超伝導実用技術," 日刊工業新聞社, 2013

[6] 宮健三, "解析電磁気学と電磁構造," 養賢堂, 1995

[7] 竹川敦. "マクスウェル方程式で学ぶ電磁気学入門," 裳華房, 2022

[8] 押川元重, 本庄春雄, "数学からはじめる電磁気学," 培風館, 2008

[9] 橋口真宜, 佟立柱, 米大海, "次世代を担う人の為のマルチフィジックス有限要素法解析," 近代科学社 Digital, 2022

[10] 斉藤博, 今井和明, 大石正和, 澤田孝幸, 鈴木和彦, "入門 固体物性 基礎からデバイスまで," 共立出版, 1997

[11] 馬場敬之, "スバラシク実力がつくと評判の数値解析 キャンパス・ゼミ," マセマ出版社, 2019

[12] 馬場敬之, "スバラシク実力がつくと評判の有限要素法 キャンパス・ゼミ," マセマ出版社, 2021

[13] 高橋則雄, "三次元有限要素法 磁界解析技術の基礎," 電気学会, 2006

[14] 中田高義, 高橋則雄, "電気工学の有限要素法 第 2 版," 共立出版, 1986

索引

著者紹介

寺尾 悠 （てらお ゆたか）

　1984年12月生。2008年3月山形大学工学部電気電子工学科卒業。2010年3月東京大学大学院工学系研究科電気系工学専攻修士課程修了。2013年3月同研究科同専攻博士課程修了。博士（工学）。2012年4月-2013年3月日本学術振興会特別研究員DC2（東京大学大学院工学系研究科），2013年4月-2015年12月東芝三菱電機産業システム株式会社勤務を経て，2016年1月より東京大学大学院新領域創成科学研究科先端エネルギー工学専攻助教，現在に至る。

　主に超電導回転機を中心とした超電導応用機器及びバルク超電導体の電磁特性に関する研究に従事。低温工学・超電導学会，電気学会，日本航空宇宙学会，日本AEM学会，IEEE会員。

COMSOL Multiphysicsのご紹介

　COMSOL Multiphysicsは，COMSOL社の開発製品です。電磁気を支配する完全マクスウェル方程式をはじめとして，伝熱・流体・音響・構造力学・化学反応・電気化学・半導体・プラズマといった多くの物理分野での個々の方程式やそれらを連成（マルチフィジックス）させた方程式系の有限要素解析を行い，さらにそれらの最適化（寸法，形状，トポロジー）を行い，軽量化や性能改善策を検討できます。一般的なODE（常微分方程式），PDE（偏微分方程式），代数方程式によるモデリング機能も備えており，物理・生物医学・経済といった各種の数理モデルの構築・数値解の算出にも応用が可能です。上述した専門分野の各モデルとの連成も検討できます。

　また，本製品で開発した物理モデルを誰でも利用できるようにアプリ化する機能も用意されています。別売りのCOMSOL CompilerやCOMSOL Serverと組み合わせることで，例えば営業部に所属する人でも携帯端末などから物理モデルを使ってすぐに客先と調整をできるような環境を構築することができます。

　本製品群は，シミュレーションを組み込んだ次世代の研究開発スタイルを推進するとともに，コロナ禍などに影響されない持続可能な業務環境を提供します。

【お問い合わせ先】
計測エンジニアリングシステム（株）事業開発室
COMSOL Multiphysics 日本総代理店
〒101-0047 東京都千代田区内神田1-9-5 SF内神田ビル
Tel: 03-5282-7040　　Mail: dev@kesco.co.jp
URL：https://kesco.co.jp/service/comsol/

◎本書スタッフ

編集長：石井 沙知

編集：伊藤 雅英・山根 加那子

図表製作協力：菊池 周二

組版協力：阿瀬 はる美

表紙デザイン：tplot.inc 中沢 岳志

技術開発・システム支援：インプレス NextPublishing

●本書の内容についてのお問い合わせ先

近代科学社Digital　メール窓口

kdd-info@kindaikagaku.co.jp

件名に「『本書名』問い合わせ係」と明記してお送りください。

電話やFAX、郵便でのご質問にはお答えできません。返信までには、しばらくお時間をいただく場合があります。なお、本書の範囲を超えるご質問にはお答えしかねますので、あらかじめご了承ください。

マルチフィジックス有限要素解析シリーズ5

ビギナーのための超電導

理論・実験・解析の超入門

2024年5月31日　初版発行Ver.1.0

著　者　寺尾 悠
発行人　大塚 浩昭
発　行　近代科学社Digital
販　売　株式会社 近代科学社
　　　　〒101-0051
　　　　東京都千代田区神田神保町1丁目105番地
　　　　https://www.kindaikagaku.co.jp

印刷・製本　京葉流通倉庫株式会社
Printed in Japan

ISBN978-4-7649-0697-6

近代科学社 Digital は、株式会社近代科学社が推進する21世紀型の理工系出版レーベルです。デジタルパワーを積極活用することで、オンデマンド型のスピーディでサステナブルな出版モデルを提案します。

近代科学社 Digital は株式会社インプレス R&D が開発したデジタルファースト出版プラットフォーム "NextPublishing" との協業で実現しています。